AF503666

LE
LABOUREUR,
OU
COURS D'AGRICULTURE
PRATIQUE,

Suivant les principes de phyſique & de méchanique, à l'uſage des cultivateurs & des laboureurs.

Par *ALEXANDRE CRASQUIN,* Laboureur Flamand.

*Quid faciat lætas ſegetes, quo ſidere terram
Vertere conveniat, &c.
Hinc canere incipiam.*   VIRG. *Georg. L.* 1

Je chanterai d'ici les fertiles ſecrets
Que l'art a découvert au ſein de la nature,
Le travail, la méthode, & les tems de culture
Propres à féconder de ſtériles guérets.

A PARIS,

Chez CHARLES-ANTOINE JOMBERT, pere,
Libraire, rue Dauphine.

M. DCC. LXXI.

Avec approbation, & privilege du Roi.

ÉPITRE

DÉDICATOIRE

AUX

MAITRES LABOUREURS *.

Confreres,

Je vous dédie, avec plaisir, ce petit ou-
vrage que j'ai fait principalement pour
vous. Je ferois d'autant plus charmé qu'il
méritât votre approbation, que je ferois

---

* Les maîtres laboureurs font ceux qui,
après avoir eux-mêmes long-tems appris à
labourer, préfident aux travaux de l'agriculture, en qualité de cenfiers, fermiers,
métayers, &c.

'EPITRE

sûr de son utilité. Car, quoi qu'en dise la théorie, c'est aux maîtres de l'art que l'on doit s'en rapporter par provision. Cependant, à vous parler franchement, je crois que vous pourriez vous instruire encore, si vous deveniez un peu plus dociles que vous ne l'avez été jusqu'à présent. On vous reproche, depuis long-tems, de pousser l'entêtement pour la routine de vos ancêtres, jusqu'au point de ne vous rendre pas même à l'évidence qui la condamne. Peut-être en voyant, ou en répétant mal, les essais que l'on a faits pour votre instruction, avez-vous cru de bonne-foi en savoir plus que ceux qui vouloient vous apprendre votre métier ; mais quels que soient vos prétextes ou vos raisons, vous n'auriez plus d'excuse à rejetter des principes, au moyen desquels vous pouvez vous-mêmes, peu à peu, faire des expériences sûres, sans d'abord vous éloigner sensiblement de l'usage que vous suivez trop aveuglément dans ses abus. Croyez-moi : respectons la mémoire de nos peres, regrettons *sur-tout leur vertu ; mais point de fanatisme pour leurs erreurs. Dites-moi, auroient-ils été plus infaillibles dans notre état que dans les autres professions ? ou serions-nous toujours les seuls qui ne pourrions voir qu'ils se sont trompés ? Quoi! tant d'arts se perfectionneront sous nos yeux, à l'envi les uns des autres, & le nôtre, qui est le premier & le plus important de tous, restera là ? Amis! de l'amour-propre & de l'émulation ; travaillons de concert avec les vrais amateurs de l'agriculture, à la rendre digne de son rang par sa perfection, comme elle l'est nécessairement par son utilité. C'est dans cette vue que j'ai entrepris cet ouvrage, où je tâche d'établir une communication facile de la théorie à la pratique, & de la pratique à la théorie, afin que nous puissions tous passer d'une partie à l'autre, & y acquérir ensemble, par un secours mutuel, les connoissances inséparablement nécessaires de toutes les deux. Les cultivateurs phy-*

ficiens nous expliqueront les principes de l'art ; & nous leur apprendrons à favoir en faire ufage, nous autres laboureurs.

Je fuis, de tout mon cœur,

MES CHERS CONFRERES,

Votre ami, ALEXANDRE CRASQUIN.

********:*******

PRÉFACE.

IL paroît, au silence des cultivateurs, qu'il est tems que les laboureurs parlent. C'est en cette derniere qualité que je vais mettre au jour les connoissances que m'ont donné la théorie & la pratique d'un art qui de tout tems a intéressé & intéresse plus que jamais l'attention des souverains & des nations.

Loin de rougir d'en avoir fait un apprentissage de rigueur à la charrue, & de l'avoir enseigné long-tems en Flandres & ailleurs, je me glorifie de cette profession, comme d'un état qui honore tous ceux qui l'exercent avec distinction.

Je ne dissimulerai pas que je pousse la vanité jusqu'à croire (je l'aurois cru de même dans les fiecles de barbarie, où les laboureurs étoient ferfs) qu'ils font de droit, malgré l'efclavage ou le mépris, de la premiere claffe des citoyens utiles à la patrie. Il eft inconteftable, en bon raifonnement, que les hommes qui la nourriffent, doivent marcher avant ceux qui ne lui procurent que les commodités ou les agrémens de la vie. Cette fubordination eft trop naturelle pour être l'ouvrage des préjugés; ce font au contraire les préjugés qui veulent l'intervertir : mais l'ordre éternel des chofes la maintiendra toujours dans fes loix, malgré l'arrogance ridicule de ces êtres inutiles au monde, qui dédaignent, par ton, des citoyens laborieux, fans lefquels ils ne feroient rien.

L'incorruptible philofophie, qui ne juge du prix des chofes que par leur bonté & le bien qu'elles procurent à la société, regarde le bon laboureur comme l'homme de la nature , & comme le mortel le plus utile au genre humain.

Ce sublime éloge est pour nous un titre imprescriptible, dans tous les siecles, contre la vaine présomption de ces importans désœuvrés , qui nous croient faits pour eux. Laboureurs, ne nous prévalons pas de cet avantage : notre état simple & paisible n'est pas fait pour les honneurs d'éclat; méritons-les sans les ambitionner. Contentons-nous de la considération des grands, & de l'estime de nos concitoyens; & travaillons pour nos propres intérêts au bonheur de la patrie.

Mais je l'entends se plaindre cette patrie, du peu de succès de l'agriculture ! Seroit - ce de la faute du cultivateur (1), dont le zele femble ralenti depuis quelque tems ? Non, puifque l'agriculture eft encore au même point où elle étoit lorfqu'il a entrepris de la perfectionner. L'indocilité du laboureur en feroit-elle la caufe ? Je ne vois pas jufqu'à préfent, qu'on lui ait montré d'exemples utiles à fuivre. Quel eft donc cet obftacle qui empêche le progrès d'un art, dont on fait (avec raifon) dépendre le bonheur des hommes ?

---

(1) On confond mal-à-propos cet appellatif avec celui de Laboureur. Si M. l'abbé d'Olivet y avoit penfé, il en auroit certainement fait fentir la différence dans fon livre *des Synonymes François*. On y liroit : « Le cultivateur fait valoir, & le laboureur opere » : fans égard pour leurs étymologies. Car fi on le prenoit par-là, le cultivateur feroit à la fois un arateur, un jardinier, un vigneron, &c. de profeffion ; & le Laboureur feroit de tous les métiers.

Le croira-t-on ? c'eſt cette mé-
ſintelligence ſecrete entre le
cultivateur & le laboureur, laquelle prend ſa ſource dans un
faux amour propre qui marque
la foibleſſe & l'inſuffiſance des
deux côtés.

Le cultivateur n'entendant
rien à la pratique, pouſſe le laboureur à bout par la théorie,
dont il fait dépendre toute la
ſcience de l'art. Le laboureur,
par repréſailles, lui oppoſe la
pratique : la pratique ne vaut
rien, la théorie eſt incertaine; &
l'agriculture reſte là. J'ai tâché de
rapprocher ces deux hommes,
& de les mettre à la portée de
s'entendre. Tant qu'ils ne ſeront
point d'accord ſur les connoiſ-
ſances réciproquement néceſſaires de ces deux parties, & qu'ils
ne travailleront point de concert
à les éclairer l'une par l'autre, il
ne faut point s'attendre à voir

profpérer l'agriculture.

Si la phyfique feule étoit capable de la faire fleurir, le favant auteur de la culture des terres l'auroit feul portée au degré de perfection dont elle eft fufceptible; & s'il n'eût fallu que des préceptes & du zele pour la faire réuffir, vingt autres auteurs louables l'auroient tirée de cet engourdiffement où elle refte plongée. Il faut abfolument des principes. Ces principes dérivant effentiellement de la phyfique & de la mécanique, conduiront bientôt le cultivateur éclairé, de la théorie à la pratique, par les rapports naturels qu'ont entre elles ces deux parties concernant l'agriculture; le laboureur, de fon côté, inftruit par le cultivateur devenu homme de l'art, remontera aux caufes par les effets, reconnoîtra enfin fes erreurs, & aura honte de fa routine.

Comme cet art confifte prin-cipalement dans la manœuvre, je me fuis attaché, autant que je l'ai pu, à bien expliquer le mé-canifme des inftrumens aratoires, & à prouver la caufe & l'effet l'un par l'autre. Si j'ai préféré les inftrumens rectifiés de mon pays aux autres, je donne les raifons de cette préférence, fans obliger les laboureurs étrangers à les adopter. Mais qu'ils gardent leurs inftrumens, qu'ils les réforment, ou qu'ils en inventent d'autres ; je dis que ces inftrumens ne feront effectivement bons, qu'autant qu'ils feront réglés fur les pro-portions que je donne. Je n'ai point non plus la témérité d'affu-rer que fi l'on ne fuit pas ponc-tuellement ma méthode, l'on ne récoltera rien; mais j'ofe dire, que l'on s'y prenne comme l'on vou-dra pour labourer la terre, qu'elle ne fera bien cultivée qu'autant que l'on fuivra les principes que j'établis. Il y a différentes manieres d'opérer avec différens inftrumens dont on peut faire ufage, pourvu que l'on s'accorde au fond, c'eft-à-dire, dans les principes. Que l'on tâche d'abord de les fuivre avec les inftrumens de fon pays, j'y confens : mais fi l'expérience en prouve de meilleurs, pourquoi ne pas s'en fervir?

Confreres laboureurs, laiffons là les préjugés de nos peres & les nôtres ; écoutons l'expérience, & ne fuivons qu'elle : de nouvelles connoiffances fontplus refpectables que de vieilles erreurs.

Enfin, je termine cet ouvrage par une démonftration géométrique de l'art de femer, qui mérite une attention particuliere.

L'intitulé de *Cours d'Agriculture pratique*, &c. femble annon-

cer des volumes *in-folio*, dont il
eſt ſuſceptible. Mais en reſtrei-
gnant l'art à ſes propres principes, d'un ſujet tant rebattu depuis dix ans, j'en ai fait un livre
petit, mais tout neuf. Le mérite
de la nouveauté flatteroit peu
mon amour-propre, ſi mon travail n'étoit de quelque utilité. Il
n'auroit tenu qu'à moi de faire
un gros livre rempli de préceptes,
de recettes, d'érudition, &c.
mais on trouvera de tout cela ailleurs. L'article de la marne y auroit pourtant eu naturellement ſa
place ; mais il eſt par-tout ſi bien
traité, tant pour la nature que
pour la vertu de cet engrais naturel, que j'ai cru inutile de le répéter.

Il ſeroit à ſouhaiter que l'on en
fît un plus grand uſage, & que
le Miniſtere daignàt prêter une
main ſecourable aux laboureurs
indigens, qui ne peuvent s'en pro-

curer l'avantage. Les sociétés d'Agriculture devroient bien solliciter ce bienfait.

Les grands défrichemens sembloient aussi demander un chapitre entier. Mais qu'il me soit permis de donner les raisons qui m'ont déterminé à n'en parler qu'en passant.

Comme mon sentiment diffère du sentiment général, je le dirai sans tirer à conséquence.

Avoit-on une idée bien juste de l'agriculture, lorsqu'on vouloit la rétablir (1), en commençant par les défrichemens, tandis que l'on condamnoit, comme mauvaise, la culture des terres en valeur? Cette petite contradiction qui avertissoit de l'erreur, a échappé à bien des économistes.

____

(1) Ce terme supposeroit qu'elle auroit été autrefois portée à sa perfection : il n'y a point d'apparence, à en juger par les monumens qui nous en restent.

Si le zele avoit permis à la raison
de se faire entendre, on auroit
dit : Puisque la culture des terres
en valeur est vicieuse, il faut commencer par la corriger, avant que
de passer aux défrichemens. Les
terres en friches contribueront
par leurs pâturages, à une
prompte amélioration des terres
cultivées; & celles-ci bientôt en
bon état, donneront des forces
pour attaquer petit à petit les
autres. Par cet ordre naturel, on
marchoit au grand but; au lieu
qu'en s'y prenant autrement, on
renversoit l'agriculture, en se
privant des pâturages des mau-
vaises terres en friche, pour abandonner ou négliger les bonnes en
valeur, qui ne demandent que
de la connoissance & des bras.
Puisqu'on s'est trompé de route,
il faut avoir le courage de retour-
ner sur ses pas; quand la carte
nous égare, il faut prendre des

guides de l'endroit. Ces guides font les gens de l'art, & non ceux qui s'en arrogent impertinemment (1) la qualité. Au refte, j'entends fi peu affervir par mes obfervations le jugement de mes lecteurs, que j'ai évité foigneufement ce ton affirmatif, avec lequel la plupart de nos auteurs fe réclament de leur propre autorité dans des faits fouvent hors de vraifemblance. Ils vous difent avec affurance : J'ai fait ceci : j'ai fait cela : j'ai recueilli, &c. demandez ; venez voir, &c. On ne s'en informera point, on n'ira point, & on ne les croira point. Penfent-ils de bonne foi que fi l'homme expert & vrai y alloit, il ne rabattît rien de la merveille ? Les prodiges ne

____

(1) L'acception de cet adverbe feroit une groffiéreté : il faut l'entendre dans fon fens naturel, faute d'autre terme pour y fuppléer.

souffrent point l'examen ; &,
pour les voir , il faut fermer
les yeux. Si je n'aime pas le
merveilleux, je n'aime point non
plus cette affectation de contredire ouvertement , foit en nom-
mant ou défignant les auteurs
qui fe méprennent. Je les réfute
par le corps de mon ouvrage ,
de maniere qu'il n'y aura guere
qu'eux & leurs partifans , qui
fentiront que je ne fuis pas de leur
avis. Quoi ! parce qu'un homme
bien intentionné fe trompe, faut-
il l'humilier ? Les erreurs font
graciables. L'oftentation du faux
favoir doit feule être rabaiffée
fans ménagement. Je n'ai point
parlé non plus de la charrue à
femoir, parce que la pratique en
eft impoffible dans la grande culture. Je crois pourtant qu'elle
pourroit être avantageufe dans la
petite. (J'entends , par petite
culture , celle qui fe fait à la pele

dans les varennes pour femer des pois, des feves, de la lentille, &c. & non pas celle qui fe pratique à la charrue, dans les mauvais pays à feigle, que quelques-uns appellent mal-à-propos telle. La différence de récolte, toute grande qu'elle foit, ne fait point celle de culture, & le plus ou le moins ne change point la nature des chofes.) Mais comme la charrue à femoir femble un raffinement de l'art, il faut attendre, pour en faire ufage, que l'agriculture foit perfectionnée.

On me reprochera, fans doute, de me fouvent élever trop au-deffus de la portée des laboureurs, & de leur parler de trop loin pour me faire entendre. Ce n'eft pas la chofe qui eft au-deffus de leur bon fens, mais c'eft l'expreffion. Si tous les laboureurs avoient eu un langage commun, j'aurois facrifié la grammaire à l'agriculture ; mais comme tous les pays ont leur jargon diffé-rent, il m'a bien été force de me servir d'une langue d'où tous ces jargons tirent leur origine corrompue. C'eft aux cultiva-teurs à la leur expliquer. Mef-fieurs les curés de la campagne pourroient mieux que perfonne, rendre ce fervice à l'agriculture par l'afcendant qu'ils ont fur les laboureurs de leur paroiffe. Ayant tous fait leur phyfique, il leur feroit facile de s'inftruire des principes de cet art , à l'exemple de beaucoup de leurs confreres, qui le cultivent avec fuccès. Qu'il eft beau , outre le devoir de fon état, de remplir encore celui de la vertu ! Enfin, j'ouvre une carriere immenfe à un nouveau genre d'écrire, qui eft le feul qui puiffe contribuer au fuccès de l'agriculture. Si on m'envie l'honneur d'y être entré le premier, j'applaudirai avec plus de juſtice à la gloire des laboureurs qui m'y ſurpaſſeront.

Fin de la Préface.

LE

LABOUREUR,

O U

COURS D'AGRICULTURE

P R A T I Q U E.

CHAPITRE PREMIER.

Définition de l'Agriculture.

L'AGRICULTURE eft l'*art de labourer ;*
c'eſt-à-dire, de faire du guéret en dé-
truiſant les herbes, les racines, &c. &c.
Toute naturelle & toute ſimple que
paroiſſe cette définition, elle eſt d'une
étendue immenſe en pratique. L'expérience ſeule ſait, en obéiſſant aux
loix de la phyſique & de la méchanique, compaſſer & démontrer avec

certitude les combinaisons abſtraites de la théorie, toujours ſpécieuſe & pleine d'illuſions pour les génies ſpéculateurs, même les plus ſublimes.

CHAPITRE II.

Définition de la Charrue in genere.

Pour ſe former une idée juſte de la charrue, laquelle eſt après la pele le premier & le plus univerſel des inſtrumens de l'agriculture, il faut la concevoir ſous la figure d'un angle modifié, auquel les différentes manieres de l'armer & de l'équiper, ont fait donner les noms de charrue Chinoiſe, Grecque, Romaine, nouvelle, &c. &c.

Chaque nation, chaque province, même chaque canton, préferent leur charrue comme un modele, à toutes les autres charrues qu'ils mépriſent. Les uns font conſiſter ſa perfection dans une perche droite, ou courbe; d'autres, dans de grandes ou petites roues; ceux-ci dans un ſoc large,

étroit,

étroit, long ou court; ceux-là, dans plufieurs coûtres; & les autres, en-fin, dans une ou dans deux oreilles, convexes, concaves, ou en tire-bou-chons, &c. &c.

Et tous font plus ou moins dans l'erreur, en raifon du préjugé qui les éloigne des principes de phyfique & de méchanique, auxquels doivent ab-folument fe rapporter les avantages & les défauts des inftrumens aratoires & de la culture. C'eft peut-être par un autre préjugé que les cultivateurs reprochent aux laboureurs leur en-têtement pour la routine de leurs peres. Pour les corriger, il faut leur prouver par expérience qu'ils fe trompent. Mais on ne leur a oppofé jufqu'à préfent que des raifonnemens incertains, à une pratique vicieufe, à la vérité, mais moins défecteufe encore que le changement qu'on a voulu y fubftituer. C'eft ainfi que, faute de pratique expérimentée, les erreurs de l'agriculture entr'autres ont paffé d'Adam jufqu'à nous, & fe-ront encore bien du chemin après, fi on ne les arrête que par des raifonne-mens. Il fera toujours inutile de prêcher un art qu'il faut enseigner. Les principes élémentaires que je vais en donner, feront assez sentir la nécessité des écoles.

La charrue donc n'est qu'un angle; & plus cet angle sera ouvert, plus la charrue sera lourde à traîner. Pour fixer l'imagination, jettez les yeux sur le cercle A (*Fig.* 1), qui représente le globe de la terre, & supposez la tangente B fleche, & le demi-diametre C scep & soc de la charrue. Vous voyez que ces deux lignes ayant leur direction perpendiculairement opposée, ne peuvent agir en ce sens l'une sur l'autre; le soc C ne pénétrera donc la terre que par une force centripete, communiquée par le manche *d*; cette force sera d'autant plus grande que les corps étant en équilibre par leur pesanteur, lui opposeront plus de résistance. Mais fermez le rectangle BC d'un nombre quelconque de degrés, comme, par exemple, de 15; alors ces deux lignes inclinées agiront de concert l'une sur l'autre en raison de ce nombre; & le soc poussant obliquement les corps, les dérangera avec moins d'efforts.

Il ne faudra donc point appuyer fi fort fur le manche *i*, pour faire entrer le foc *f*, que fur le manche *d* pour faire entrer le foc C.

Il s'enfuit de là, que plus l'angle de la charrue fera aigu, moins elle fera pefante à traîner. De forte que la charrue B*kg* fera encore beaucoup plus aifée à tirer que la charrue B*if*; & la charrue B*lh*, plus facile encore, ainfi des autres. Cette derniere entrure formée par la diagonale *h* (1), eft la premiere naturelle; étant un terme moyen des deux lignes rectangulaires BC, au 45ᵉ dégré. C'eft de celle-là qu'il faut partir, & je n'ai tracé les autres entrures au-delà, que pour faire une démonftration plus fenfible de celles dont il s'agit. L'on voit par-là que les bœufs faifant à la perche un plus grand angle que les chevaux à la fellette, emploient plus de force qu'eux pour le même point d'entrure; que la fellette en demande plus que les grandes roues; & par conféquent, que les grandes roues en exigeront plus que les petites.

---

(1) Du quarré parfait B C *m n*.

Ceux qui tiennent pour les grandes roues, difent que c'eft pour la commodité des chevaux, auxquels elles donnent le point d'appui. Tous les chevaux ne font point en état d'avoir cette commodité-là, je veux dire qu'ils n'ont point tous affez de forces : c'eft au parailélifme, ou à la hauteur de l'angle, qu'il faut chercher ce point d'appui, & non dans fon brifement. L'effort que fait une ligne courbe dans fon frottement, eft aux dépens de la force qui la tire, & non à la décharge du fardeau. Un auteur moderne a donné dans l'excès contraire, faute de connoître les propriétés relatives de l'angle à la hauteur des roues. Voici, felon toute apparence, comment il aura raifonné.

Plus le diametre d'une roue eft grand, plus la force de rotation eft grande ; par conféquent une charrue à grandes roues fera plus facile à traîner qu'une à petites roues. Cette fauffe conféquence lui parut fi jufte, qu'il réforma fans héfiter, des roues de vingt-fept pouces de diametre, déja trop hautes, pour leur en fubftituer de cinquante-quatre, feul point auquel il devoit, difoit-il, la perfection de fa charrue, ainfi qu'il s'en étoit affuré par le calcul des forces.... Un éleve de Vaucanfon auroit diftingué l'antécédent, & auroit obfervé que la force de rotation des roues de carrieres, par exemple, des environs de Paris, lefquelles, au moyen de quelques bras, enlevent perpendiculairement du fein de la terre des pierres énormes, eft bien différente de la force de rotation des roues de charriots ou charrettes qui meuvent horifontalement un fardeau; & que la force de rotation des roues de charrues ne reffemble en rien aux deux autres, relativement à la réfiftance dont il s'agit. La premiere, auroit-il dit, eft une force centrifuge, laquelle multipliant, comme tous les corps en mouvement, fon poids par fa vîteffe, eft d'autant plus grande, que la circonférence s'éloigne plus de fon centre. Par conféquent, plus une roue de puits aura de diametre, plus elle aura auffi de force à proportion que le cercle concentrique formé par la manivelle qui la fait tourner, fera plus grand : plus donc ce cercle fe rapprochera du

centre, plus fa puiffance diminuera;
enfin, lorfqu'il fera concentré & confondu dans l'axe, cette puiffance fera
anéantie, cet axe n'aura plus qu'une
force d'inertie; ce fera un corps en
repos. Cette force négative eft pré-
cifément celle des roues de charriots
ou de charrettes. Si c'eft une loi du
mouvement, qu'un corps immobile
s'oppofe toujours en ligne droite aux
forces vives qui l'entraînent, ces
roues de charriots ou de charrettes
doivent être proportionnées à la hauteur des chevaux, afin que le point
de gravité où fe réuniffent toutes leurs
forces, étant de niveau à l'axe perpendiculaire au plan que parcourent
les roues, ils n'aient point la force de
déviation de plus à vaincre, laquelle
réfifte plus ou moins à proportion que
le parallélifme fe dérange. Donc fur
un plan ou un chemin de niveau, des
roues trop hautes ou trop baffes font
en fens contraire également défec-
tueufes; mais en fens contraire auffi,
fur un plan incliné, elles font avanta-
geufes chacune à leur tour. Les
grandes roues font plus rapides à une
defcente, parce que la pente laiffant

plus de prise à la force centrifuge
(remarquez bien que c'est la pente &
non l'essieu), en précipite plus l'abat-
tement. Les petites roues, de leur
côté, sont moins onéreuses à une
montée, à cause de cette même force
centrifuge qui fait moins d'efforts pour
les retenir.

Il est donc vrai que cette force sans
ressort de l'axe, n'a d'autre puissance
que celle de prévenir le choc des
corps, que causeroit l'inégalité rabo-
teuse d'une roue immobile, & du plan
sur lequel elle frotteroit ? Si cette
roue, même mobile, étoit, ainsi que
le plan sur lequel elle pese, assez dure
& assez polie, elle glisseroit plutôt
que de tourner ; une roue, dont le
bandage seroit un peu usé, patineroit
sur la glace, quoiqu'il s'en faille de
beaucoup que ni l'une ni l'autre soient
d'une parfaite égalité, au microscope
comme aux yeux. Donc la force de
rotation n'est que relative, & ne consiste pas dans une roue quelconque,
mais uniquement dans l'usage que l'on
en fait. Cette certitude une fois re-
connue, il est facile d'appercevoir
que les roues de charrues faisant des

fonctions étrangeres à cette force centrifuge, ſa puiſſance leur eſt auſſi étran-
gere. Une charrue peut bien, ainſi
qu'une charrette, employer les forces
de quatre, ſix & même huit chevaux,
en piquant bien avant dans une terre
roide ; mais ſes roues ſoutiendront-
elles la trois-millieme partie du fardeau qui peſe ſur les roues d'une charrette ? Toute la réſiſtance n'eſt-elle pas
oppoſée par le coutre & par le ſoc
(car je compte pour rien le poids de
l'avant-train, qui ne fait qu'une petite
fraction d'une grande ſomme) ? Les
roues même les mieux proportionnées ſont donc neutres. Auſſi n'ont-
elles pas été miſes pour alléger la charrue, mais bien pour contenir l'entrure que l'inconſtance de la perche
fait toujours varier. Mais, avec des
petites roues, où trouver le point
d'appui ? Au parallélifme, ou à la hauteur de l'angle dans ſon prolongement, comme je l'ai dit, & non dans
les grandes roues qui contraſtent avec
l'entrure, comme je l'ai démontré.

On m'objectera peut-être que, dans
le parallélifme même, il y a déviation, & par conſéquent qu'il n'eſt pas

plus avantageux que le brifement de l'angle.

Deux paralleles ayant pour perpendiculaire la même ligne qui les joint en angle droit fur leurs extrêmités, ont néceffairement auffi la même direction & les mêmes angles ; il n'y a donc point de déviation dans leur tendance. Mais la force centrifuge perdant fon point d'appui, fera neutre dans le parallélifme. Soit le centre A (*fig. 2*), le demi-diametre *b* étant égal au demi-diametre oppofé *c*, donnera une force égale dans des points égaux. Cette force, par conféquent, fera double au centre ou point d'appui A entre ces deux puiffances attractives, dont l'une augmentera à proportion que l'autre diminuera ; de forte que la plus grande force poffible du demi-diametre *b* à fa tangente *d*, fera dans le plus grand retranchement poffible du demi-diametre *c* vers le centre ou point d'appui A. Lorfque ce demi-diametre *c* fera entiérement confondu dans le centre, il n'y aura plus de point d'appui ; & le demi-diametre *b* agiffant fur la ligne de gravité E, per-

dra tout son avantage dans l'opposi-
tion directe de la masse attirée. La
force centrifuge sera donc neutre :
mais la force vive communiquée par
la parallele *d* à la parallele E, au
moyen de la perpendiculaire com-
mune *b*, sera égale à la ligne directe *f*,
dont le parallélisme est plus avantageux que le brisement de l'angle.

Voyons à présent les défauts & les
avantages de la charrue, suivant les
principes que je viens d'établir.

CHAPITRE III.

ARTICLE PREMIER.

*Description de la charrue, nommée vul-
gairement* arau. (*fig.* 3.)

LA charrue nommée arau, du verbe
latin *arare*, qui signifie labourer, pourroit bien, suivant son étymologie,
être la plus ancienne de toutes les
charrues ; mais il est plus certain qu'elle
est la plus mauvaise & la plus com-
mune de celles qui sont en usage dans

le monde cultivé. Marque trop évi-
dente que l'agriculture n'a jamais été
enseignée que dans les fables.

Cette charrue a pour tout avant-
train une perche de neuf à dix pieds,
attachée vers le bout par une lame de
fer, à un cylindre de quatre à cinq
pieds de longueur sur deux pouces &
demi environ de diametre, portant
sur deux sellettes échancrées. Cette
lame est percée de plusieurs petits
trous en S, lesquels, au moyen d'une
goupille, servent à entrer plus ou
moins la charrue. Pour les bœufs, l'entrure se fait différemment. Il y a un
rayon vers le manche, qui perce la
perche & se cloue dans le scep ; le
coin que l'on frappe dans la tête de ce
rayon au-dessus de la perche, regle
l'entrure ; la perche va s'emmortoiser
dans le manche, lequel avec le scep
& les deux petites planches qui y sont
attachées pour oreilles, forment l'arriere-train & toute la machine. Elle
est bien simple, comme l'on voit ; mais
la simplicité, qui souvent fait le mérite des chef-d'œuvres, ne se rencontre pas heureusement dans cette
charrue. La perche obéissant aux diffé-

rens mouvemens du joug & de la
fellette, tantôt fe hauffe, tantôt fe
baiffe ou fe renverfe; & le foc, toujours détourné de fa direction, perd
à tout moment le point de fon entrure. D'ailleurs le foc trop étroit eft
auffi monté trop droit; c'eft-à-dire,
qu'il fait avec la perche un angle trop
ouvert, & par là ne porte que fur
la pointe; & lorfqu'il rencontre une
terre argilleufe ou glaifeufe, le laboureur eft obligé d'appuyer de toutes
fes forces fur le manche, pour foutenir l'entrure. Il ne faut pas avoir de
grandes connoiffances de la ftatique,
pour juger de la tire immenfe qu'il
donne à fes bœufs ou chevaux : la
pefanteur, ou plutôt le poids de fon
corps, n'eft rien en comparaifon du
frottement qu'il caufe : encore ne
tranche-t-il pas le deffous du fillon
qui réfifte aux oreilles trop relevées
par la direction du foc; de forte qu'il
n'y a que la fuperficie de la terre qui
eft écartée, & le deffous refte dans la
même pofition. Cela eft fi vrai, que
fi l'on croifoit le fecond labour, &
que l'on balayât les fommets des fillons, l'on verroit la terre couverte

d'une infinité de petits carrés formés
par la feule pointe du foc. Enfin cette
pointe pénetre toujours inutilement
dans la terre, deux pouces plus avant
que le guéret, comme il eſt aiſé de
le remarquer dans les terres dont le
labour eſt emporté par les eaux. Il
eſt pourtant tres-eſſentiel de retour-
ner la terre : celle qui reſte toujours
deſſous ne peut pas ſe purifier de ſes
humeurs par le ſoleil, la gelée, le
vent ; & tandis que, dans ſa fadeur
même, elle recele des ſels inutiles
qui féconderoient la ſuperficie, la
même terre toujours productrice, s'é-
puiſe & ſe refuſe au travail du laboureur ignorant. D'ailleurs, quand les
années ſont pluvieuſes, quelle quantité de labours ne faut-il pas donner,
pour faire mourir les herbes qu'elles
engendrent ! Souvent après ſept ou
huit façons, on eſt forcé de ſemer
dans ces productions ſauvages, leſquelles (ſi je puis m'exprimer ainſi)
étant en poſſeſſion du terrein, y do-
minent, au préjudice de la bonne ſemence, faute d'inſtrumens propres
pour les détruire. Je vais décrire les
charrues que je crois les meilleures

que nous ayons ; non pas parce
que ce font celles de mon pays, que
j'ai rectifiées , mais parce qu'elles
font en rigueur les plus régulieres.
J'expliquerai d'abord leur mécha-
nifme, afin que l'on puiffe plus aifé-
ment comprendre leur manœuvre.

ARTICLE II.

LE mérite de ces charrues, que je
pourrois auffi nommer nouvelles, fi
je pouvois en impofer, puifque le
changement que j'y ai fait faire les
rend méconnoiffables; leur mérite,
dis-je, n'eft pas de ne reffembler plus
à elles-mêmes, mais de réunir le
double avantage que l'on ignoroit
encore, l'angle & le point d'appui
pour la tire. Il ne s'agit point de favoir laquelle des deux eft préférable,
puifqu'on les emploie l'une & l'autre
à leur tour avec fuccès. Leurs avantages particuliers dépendent des circonftances ; c'eft là où gît toute la
fcience du laboureur, & que le cultivateur ne connoîtra jamais. (*fig.* 4.)
La premiere donc, que l'on nomme
charrue à billons, & que j'appelle

rai toujours *binoir*, terme qui tire
son étymologie des mots latin *bis* ou
bini, parce qu'elle pousse la terre des
deux côtés, est la plus simple, quoique d'un plus fréquent usage. Son
avant-train est composé d'un essieu
d'environ trois pouces d'épaisseur,
quatre de hauteur, & trois de longueur, qui fait tourner deux roues
de seize à dix-huit pouces tout au plus
de diametre. Sur cet essieu, entre les
deux roues, s'éleve le carreau *a a*,
piece de bois de seize à dix - huit
pouces de hauteur sur environ autant
de largeur, & de trois pouces d'épaisseur. Dans son milieu, est un trou
d'environ trois pouces de diametre,
qui reçoit le col de la fleche *b*; dans
ce col, entre l'essieu & l'entaille de
la fleche ou perche, est la cravatte *c*,
espece d'ovale tronquée par le bas,
tirée des premiers plants fibreux de
frêne ou d'autre bois liant, vuidée à
double voûte en dedans; elle est cein-
trée de fer en dehors, ferrée par un
lien de fer dans le bas, où ses cram-
pons se touchent. Cette cravatte sert,
au moyen d'un coin qu'on y frappe,
& qui pénetre entre l'essieu & le car-

reau, à tenir la charrue ferme ; une chaînette qui fert fortement le bout de la perche, en le liant avec l'armon *d*, eft mife pour la même fin ; cet armon qui fort d'entre l'effieu & le carreau, eft affujetti, au moyen d'une jambette *e*, à l'autre *f* à peu près femblable, ajufté à l'extrêmité du carreau ; celui-ci foutient la barre où font attelés les chevaux. Si l'on veut labourer à trois ou à quatre chevaux, l'on attachera la tire de la volée à l'armon ; & cette volée, ainfi que la barre, feront garnies de paloniers, dont la longueur fera proportionnée à l'épaiffeur des chevaux ; ainfi du refte : l'on voit bien ce qu'il faut changer pour les bœufs. Dans les côtés du carreau, font deux trous qui le percent d'outre en outre, ainfi que l'effieu ; ces trous reçoivent deux montans, lefquels, au moyen d'une traverfe qui les lie fur leurs bouts, foutiennent les guides des chevaux attachés au manche *g*. A côté de ces montans, en dehors, il y a deux liens de fer qui affermiffent l'effieu avec fon deffus ; la perche, qui a environ fept pieds de longueur fur quatre

pouces

pouces d'équarriſſage, va s'emmortoi-
ſer de niveau dans le manche poſé
dans le ſcep *h*. Vers la pointe de ce
ſcep, à l'emboîture du ſoc, s'éleve le
rayon *i*, auquel ſont cloués les oreillons *kk*; ce ſont deux pieces de bois
d'environ deux pouces à deux pouces
& demi d'épaiſſeur, façonnées en do-
loire pour les faire ſortir davantage
du talon de la charrue *l*, auquel elles
ſont aſſujetties, au moyen d'une cheville qui traverſe le ſcep ou le talon,
& les en ſépare d'environ trois pouces.
Si l'on fait attention que le ſcep a environ trois pieds de longueur ſur à
peu près ſix pouces de hauteur & cinq
d'épaiſſeur au talon, on verra bien
qu'il faut y faire une entaille près
du rayon, pour attacher ces ailes
ou oreillons, quoique ce ſcep aille
toujours en diminuant juſqu'à l'emboîture du ſoc. Sur ces ailes qui ont
environ ſix pouces de hauteur, ſont
ajuſtées deux petites planches *mm*,
auſſi clouées au rayon *i*; elles ſont le
complément des oreilles. Le rayon,
comme je l'ai déja dit, ſert à fermer la
charrue & à régler l'entrure. Voyons
la charrue à tourne-oreille.

D

ARTICLE III.

Description de la charrue à tourne-oreille. (fig. 5.)

L'AVANT-TRAIN de cette charrue ne diffère point de celui du binoir, excepté qu'il eſt un peu moins haut & moins large, parce qu'il n'embraſſe pas tant de terre : mais l'arriere-train eſt bien différent, non pas en tout pourtant ; car le manche eſt pareil : pour le ſcep & le ſoc, ils ſont beaucoup plus étroits. Mais la grande différence tombe ſur le coutre ; il eſt placé à peu près au milieu de la perche. Le trou qui le reçoit doit être percé avec beaucoup d'art, & conſidéré avec grande attention par ceux qui voudront véritablement s'inſtruire de l'agriculture. On ne la connoîtra jamais, que l'on ne ſache opérer ; & l'on ne ſaura jamais opérer, que l'on n'entende parfaitement la méchanique des inſtrumens aratoires. Les payſans qui labourent, dira-t-on, ne ſont point méchaniciens. Ceux qui labourent bien le ſont pour les inſtrumens qu'ils conduiſent, & ſa-

vent y remédier, quand ils fe déran-
gent, fouvent mieux que ceux qui les
font, comme j'en ai été témoin plus
d'une fois. Tant il eft vrai que l'ufage eft
un grand maître-ès-arts (1)! Ce trou,
dis-je, doit être percé diagonalement
à 60 degrés environ d'ouverture, fur
deux lignes obliques d'environ 35 degrés, de maniere que le coutre tombe
tout droit la pointe en avant d'un
demi-pouce au-deffus de la pointe du
foc fans y toucher; & que fon tranchant incline de chaque côté d'environ deux pouces & demi. Ces deux
lignes croifées formeront, fur la face
fupérieure de la perche, deux angles
oppofés égaux; mais il faudra prolon-
ger les côtés de l'angle poftérieur, de
la moitié plus que ceux de l'angle antérieur; & ce fera tout le contraire

---

(1) Ceux qui prennent les laboureurs &
les autres habitans de la campagne pour des
imbécilles, fe jugent eux-mêmes. Le philo-
fophe les connoit mieux, & leur rend plus
de juftice. Il fait bien que la nature ne fait
point de deux fortes de têtes pour les
hommes de différens états; & que le bon
fens eft bien auffi près de la raifon, que ce
qu'on appelle efprit d'éducation.

pour les deux angles opposés par-
dessous la charrue.

Rendons ceci plus sensible par une
figure. Une ligne quelconque parcourt
d'autant plus d'espace dans ses extrêmités, qu'elles s'éloignent plus du
centre de leur mouvement (*fig. 6*).
Les extrêmités du coutre parcourront
donc de plus grandes courbes, pour
aller répondre à la direction des lignes
obliques *a b*, *a b*, que ses autres points
moins éloignés du centre commun qui
est dans le trou au milieu de la perche.
La ligne centrale *c* traversant d'aplomb
le coutre dirigé en diagonale, ira former, au-dessous de la perche derriere le coutre, un angle opposé à
celui qu'il a formé au-dessus de la
perche, devant ce même coutre *d d*.

Or, comme les angles opposés sont
égaux, l'angle postérieur du dessous
de la perche sera égal à l'angle antérieur du dessus, puisqu'il lui est opposé : le devant du coutre par-dessus la
perche & le derriere par-dessous
étant plus près de la ligne centrale
que le devant de dessous & le derriere de dessus, ils décriront dans son
mouvement, des courbes plus petites

que ceux-ci, qui s'en éloignent davantage, à cause de la direction diagonale
du coutre : donc les côtés des angles
antérieur du deſſous & poſtérieur du
deſſus de la perche, doivent être plus
grands que les côtés antérieur du deſſus & poſtérieur du deſſous de la perche ? Il importe de bien entendre cette
démonſtration, pour pouvoir remédier aux inconvéniens que les défauts
de ce trou mal percé cauſent dans la
manœuvre : le plus petit défaut de
juſteſſe rend l'opération difficile, &
l'ouvrage n'en vaut pas mieux. L'obliquité du coutre, me dira-t-on, eſt un
défaut elle-même, puiſqu'elle lui fait
couper indirectement la terre ; eſ-
ſuyant par-là plus de réſiſtance, il
rend auſſi la charrue plus peſante à
traîner ? Il eſt certain que ſi le coutre
tranchoit la terre parallélement à la
direction du ſoc, qui eſt auſſi celle de
la tire, il la rendroit plus aiſée, parce
qu'en préſentant directement ſon tranchant, il n'eſſuieroit point d'oppoſi-
tion ſur le côté de la lame. Mais il ſe
rencontreroit des difficultés invincibles dans la manœuvre : ſi le coutre
étoit poſé dans la même direction que

le foc, il ne couperoit que la moitié du fillon, puifqu'il tombe, comme je l'ai dit, droit fur la pointe de ce foc; il faudroit donc braquer extrêmement la charrue, pour lui faire entreprendre l'autre moitié du fillon. Mais comment la braquer? Il n'eft pas poffible, puifqu'il préfenteroit abfolument le plat de fa lame au côté de la raie: & quand il ne feroit pas impoffible qu'il l'entamât, cet excès de braquement mettroit la charrue hors d'équilibre; car il eft de principe que plus on braque une charrue quelconque, plus elle perd de fon équilibre; & plus elle s'éloigne de fon équilibre, moins elle entre dans la terre. D'un autre côté, le coutre, dans cette direction indifférente, éprouvant plus de réfiftance du côté de la terre à labourer que du côté du fillon, laiffera couler la charrue dans la raie, & il faudra à tout moment arrêter les chevaux pour la remettre à fon premier point. Au contraire, lorfque le coutre attaque obliquement la terre, il s'y foutient par la réfiftance même qu'il éprouve fur le plat de fa lame; cette réfiftance d'ailleurs, vaincue en partie par le foc, n'appefantit guere la tire, en contenant le coutre dans une direction à laquelle il tend naturellement. Comme l'on change le coutre ainfi que l'oreille, à chaque tour, au moyen d'une manivelle de bois attachée en couliffe fur la perche, il faut qu'il foit ponctuellement dans la même direction d'un côté que de l'autre ; la moindre différence feroit billonner la charrue ; c'eft-à-dire, que les fillons feroient vifiblement féparés deux à deux. La raifon eft, comme je viens de dire, que plus on braque une charrue, plus elle perd de fon équilibre; & plus elle s'éloigne de fon équilibre, moins elle s'enfonce dans la terre : or, le côté du coutre qui fera plus éloigné du foc, forcera le laboureur à braquer fa charrue plus fort que de l'autre côté oppofé ; donc il y aura un fillon plus haut que l'autre, car on s'apperçoit bien que l'oreille fuit le mouvement du coutre. Il faut avoir une attention fcrupuleufe de donner au coutre le degré de hauteur qui lui convient. S'il étoit trop haut, il laboureroit trop tard après le foc, & ne trouveroit plus de foutien dans un fillon trop tôt ébranlé par le fcep, & la charrue ne feroit pas ferme : s'il étoit pofé trop bas, ce feroit encore pis ; car alors fa pointe piquant mal à propos au-deffous de celle du foc, fouleveroit la charrue & la feroit cahotter à chaque rencontre de petites pierres ou de terre vive. Cette regle fouffre pourtant une efpece d'exception pour les terres qui n'ont point affez de confiftance pour foutenir la charrue, comme les fablonneufes, celles que les pluies ont rendues trop molles, &c. Je dis une efpece d'exception ; car, quoiqu'il foit vrai que l'on faffe alors avancer confidérablement le coutre, fa pointe, malgré cela, ne defcend point plus bas que celle du foc, parce que l'on courbe le coûtre immédiatement au-deffus du couteau : par cette petite précaution, on lui fait relever la pointe, & entamer la terre affez loin avant le foc pour tenir la charrue ferme, fans rencontrer l'inconvénient dont je viens de parler. Mais cette précaution occafionnera un autre inconvénient ; plus petit à la vérité, mais affez confidérable pour déranger l'équilibre de la charrue. On a vu que la pointe du coutre ne doit s'écarter, fur les lignes obliques, que de deux pouces & demi environ de la pointe du foc; lorfque ces deux fers font armés dans leur proportion refpective, fi l'on avance le coutre au-delà du foc, il eft clair que le coutre, fuivant fon obliquité, s'écartera davantage du foc, en raifon de fon prolongement; & que plus il s'en écartera, plus il embraffera trop de terre. Il faudra débraquer la charrue pour la faire démordre à proportion qu'elle en prendra trop : donc elle fera plus ou moins hors d'équilibre, &c. Comment y remédier ? En retréciffant le trou de la perche qui emboîte le coutre, avec des morceaux de cuir ou de drap plus ou moins épais que l'on appliquera avec attention fur les lignes obliques ou fur le coûtre. Par ce moyen là l'on ramenera facilement la charrue à fa manœuvre naturelle, & la befogne fera réguliere.

On voit donc, par le parallélifme, l'angle de ces charrues de fept à huit degrés feulement d'ouverture, répondant au demi-diametre de leurs roues,

E

de feize à dix-huit pouces de hauteur, donner environ deux pieds & demi à trois pieds pour la tire naturelle d'un cheval ordinaire. Le point de tire d'un cheval de dix pouces, eft à plus de trois pieds de hauteur ? D'accord : mais fes traits ne doivent pas être paralleles au corps ; il faut qu'ils tombent un peu en diagonale, à fix pouces au moins plus bas fur la cuiffe que fur l'épaule. Remarquez un cheval preffé par un plus fort dans un pas, il s'élevera en s'élançant du devant, pour lui tenir tête. Au refte, il eft aifé de proportionner la hauteur du parallélifme à la hauteur des chevaux, fans toucher à l'angle ni aux roues ; il ne s'agit que de hauffer un peu plus le carreau. Si on y attele des chevaux de volée, on attachera la tire au crochet de l'armon d'en bas, & ils trouveront, à la hauteur de l'angle, à peu près le même point que les chevaux de derriere au parallélifme.

Comparons actuellement les prétendues meilleures charrues à celles-ci, & jugeons de la perfection des unes, par le défaut des autres.

CHAPITRE IV.

Sı mes démonſtrations ſont juſtes, il faut abſolument que l'on convienne que toutes les autres charrues, ſans exception, pechent contre les regles de la méchanique; & que celles qui paſſent pour des chef-d'œuvres en Angleterre, en France, & ailleurs, ne ſont bonnes que relativement à de plus défectueuſes. Faudra-t-il pour cela les briſer & les jetter au feu? Non pas; je ne conſeillerai même point de les réformer tout-à-coup. Ce changement ne peut ſe faire qu'avec celui de l'agriculture, au point de progrès qui en indiquera l'utilité. L'on pourroit toujours, en attendant ce degré de perfection, labourer plus réguliérement avec les charrues qui paroiſſent le mieux conditionnées, en ſuivant avec plus d'intelligence les vrais principes de l'agriculture.

Les peles, dans les différentes provinces, ne ſont pas faites toutes les unes comme les autres: cependant les jardiniers bêchent tous de même, à la

peine près; ceux qui travaillent avec
les plus lourdes, fatiguent le plus. Il
en eſt de même pour les charrues. Les
plus irrégulieres ſont les plus difficiles
à conduire, & les plus peſantes à traîner. Il importe phyſiquement peu que
la terre bien travaillée, l'ait été par
un lourd inſtrument, & par un double
emploi de forces : mais il importe
beaucoup à ceux qui la travaillent, de
s'épargner, & à leurs beſtiaux, une
peine ſuperflue, par des inſtrumens
plus commodes.

La meilleure charrue eſt donc in-
conteſtablement celle, qui (toutes
choſes égales d'ailleurs) eſt la plus facile à conduire, & la plus légere à
traîner. Ce double avantage, je penſe,
ne ſe rencontre encore juſqu'à préſent
que dans celles que je viens de décrire, par la réunion des deux points
eſſentiels à la manœuvre, le point de
la tire répondant au plus petit angle
poſſible de la charrue. La maniere de
l'équiper & de l'armer, ne ſont que des
acceſſoires, dont pourtant ſa perfection dépend auſſi en partie. Ils doivent
donc néceſſairement ſe rapporter dans
leur enſemble à l'unité directe de la

machine, car le moindre défaut de proportion en arrêteroit le jeu, & rendroit par là fes avantages inu-tiles.

CHAPITRE V.

ARTICLE PREMIER.

La perfection d'une charrue ne con-fifte donc pas, comme quelques-uns fe l'imaginent, ni dans une perche droite, ni dans une courbe. Puifque la perche droite ne fe trouve dans aucune autre charrue que celle que je donne, po-fée dans cet avantage là, comme on le verra tout-à-l'heure, la courbure qui plie la perche dans quelques-unes, vers le rayon, ne fert guere qu'à prouver la néceffité que l'ex-périence a fait fentir aux laboureurs, de fermer l'angle de leur charrue le plus qu'il feroit poffible par la perche, fans en déranger l'entrure : mais ils ne fe font pas apperçus qu'en élevant trop la perche fur l'avant-train, ils rendoient cet avantage bien petit. Il en indique du moins un plus grand.

ARTICLE II.

CETTE perfection ne se trouve point dans les grandes ni les petites roues. Si les roues sont trop basses, l'essieu portera sur la terre. C'est là, à la vérité, le seul inconvénient que les petites roues occasionnent, relativement à l'angle; mais il suffit pour empêcher tout-à-fait de manœuvrer. Avec des roues, par exemple, qui n'auroient que douze pouces de diametre, il seroit impossible que la charrue piquât à neuf de profondeur (1), même à sept, sur-tout dans une terre dure ou gazonneuse, qui ne céderoit pas au frottement de l'avant-train; d'ailleurs il ne doit point frotter. Au contraire, l'essieu doit être élevé de quelque

---

(1) J'entends parler d'un labour réglé : car il seroit très-possible, après une raie de six pouces, d'en approfondir une d'un pied & plus, si l'on vouloit; mais il ne s'agit point ici de subtilité.

chofe au-deffus du terrein, pour laiffer un paffage libre aux pierres & aux
mottes qui peuvent s'y rencontrer.
Leur diametre doit être en rigueur
double de l'entrure de la charrue.
Comme les trop petites roues n'ont
que le feul défaut du frottement de
l'effieu, les trop grandes, au contraire, n'ont que le feul avantage de
le prévenir. J'appelle trop grandes
roues celles qui excedent confidérablement le point proportionnel de
l'entrure, que je viens de régler. Ces
roues, outre les défauts effentiels que
j'ai démontrés, ont encore les inconvéniens de la tourne, qui donnent
bien de l'embarras au laboureur. Les
grandes roues élevant le train de devant beaucoup plus haut que celui de
derriere, cet homme s'appuiera en
vain de toutes fes forces fur le manche
de la charrue, pour faire perdre terre
aux roues, quand même la perche
qui porte librement fur le carreau, y
feroit fortement affujettie. Il faut donc
que ce pauvre miférable faffe un grand
cercle en portant fa charrue, pour
recommencer une autre raie. Voilà
déja une bien pénible fujétion pour

lui ; &, pour peu que les chevaux ou bœufs tournent trop court, il n'eſt plus le maître de ſa charrue, & tout ſubtil qu'il ſoit, il ne l'empêchera pas de ſe renverſer. Si au contraire ils prennent, malgré lui & ſon toucheur, le tour trop long, il ſera forcé d'aller recommencer ſa raie loin du bout trop arriéré ; enfin, il faut qu'il ſoit toujours cloué ſans relâche ſur ſa charrue : la moindre diſtraction l'expoſe à une manque. Celles - ci ne cauſent point toutes ces fatigantes difficultés là ; la perche fortement emboîtée dans le carreau porté par des petites roues, s'emmortoiſant de niveau dans le manche, met (pour peu que le laboureur appuie ſur le manche) l'avant & l'arriere-trains en équilibre ſur la pointe du ſoc : il lui eſt donc bien aiſé, après avoir levé en débraquant ſa charrue hors de terre, de la tourner ſans preſque bouger de ſa place ; il n'a qu'à replier d'une main les guides, à proportion du tour qu'il veut laiſſer faire à ſes chevaux ; pendant ce tems-là, changer le coutre & l'oreille de l'autre main ; appuyer enſuite du coude ſur le manche : alors l'avant-train en l'air, obéiſſant au mouvement de la tire, viendra, comme de lui-même, reprendre le bout de la raie que la charrue braquée à ſon point, ſuivra juſqu'à l'autre bout ſans qu'il faille y toucher, ſur-tout ſi le terrein eſt par-tout d'égale conſiſtance & de niveau. Quand je dis de niveau, je n'entends point faire uſage de ce terme dans toute l'étendue de ſon expreſſion : je ſuppoſe ſeulement que le terrein ne ſoit point trop en pente du côté du ſillon ; car, quoique la charrue, hors d'équilibre par cette inclinaiſon latérale, préſentât plus directement ſon coutre à la terre, elle l'excéderoit par ſon poids qui la fait pencher du côté de la raie, ſi l'on ne peſoit un peu de la main ſur le manche, en le pouſſant contre le ſillon ; alors l'avant-train obéiſſant en ſens contraire à l'impulſion de la main, preſſera la roue, qui eſt dans la raie, contre la terre à labourer, & contiendra la charrue. Si on labouroit ce côteau, en pouſſant la terre de bas en haut, la charrue penchée du côté oppoſé, auroit plus d'avantage qu'il ne lui en faudroit pour ſe ſoutenir toute seule, puisqu'elle auroit son propre poids de superflu; mais l'oreille trop relevée par cette inclinaison, laisseroit retomber la terre sur elle, au lieu de la renverser. Il faudroit donc la baisser, & alonger un peu l'arc-boutant. Si la pente étoit par trop droite, il faudroit se servir d'une charrue sans roues, ou ôter à chaque tour celle du côté montant, pour la remettre du côté opposé, & lui substituer un long étui en forme de moyeu, que l'essieu feroit rouler; sans quoi il arrêteroit la charrue par son frottement. Mais il faudroit, pour cela, que la piece fût d'une certaine longueur, ou que l'on n'eût point d'autre charrue. Lorsqu'il se rencontrera de fréquentes élévations, comme dans une terre façonnée auparavant en planches bombées, il faudra avoir attention, aussi-tôt que les roues commenceront à descendre du sommet de la planche, de soulever un peu la charrue en l'attirant à soi sans braquer. L'entrure, comme on le fait, répond à la hauteur des roues. Si les roues baissent, le soc baissera aussi: il pénétrera donc plus avant dans une éminence qui s'élevera entre sa pointe & les roues, que sur le niveau ; & le sillon acquérant plus de volume par sa profondeur, forcera le coutre à lui tailler plus de largeur, & gauchira la raie. En soulevant la charrue, comme je viens de le dire, on ramene l'entrure à son point, & le sillon reste égal, & la raie droite.

Le contraire arrivera, quand les roues, commençant à monter la seconde planche, laisseront, entre elles & le soc, le petit fossé qui la sépare de la premiere ; ainsi des autres : le soc, obéissant toujours aux roues, s'élevera comme elles, & démordra ; de sorte qu'il sera impossible d'y soutenir l'entrure au même point ; car les roues & le talon du scep, sur lesquels porte la charrue, ne molliront pas : tout ce que l'on pourra faire sera d'appuyer bien fort sur le manche, ou monter sur la charrue pour l'assujettir à toute l'entrure possible en pareil cas. On fera la même chose pour les passages les plus durs, & le contraire pour les plus mols. Quand je dis les passages les plus mols, je n'entends point parler de la boue, dans laquelle on ne doit jamais travailler, sur-tout après l'hiver, comme nous verrons plus tard; mais de ces endroits aquatiques par leur nature ou leur situation, que l'on nomme vulgairement mollieres. Il est évident que les deux fers, trouvant moins de résistance dans ces mollieres que dans le terrein sec qu'ils labourent, y entreront, chacun de leur côté, plus avant que dans leurs intervalles, & y causeront les mêmes inconvéniens que sur le sommet des planches bombées, dont j'ai parlé plus haut: il faut donc les prévenir de même. Mais si la terre étoit molle dans toute son étendue, il faudroit avancer le coutre; j'en ai donné les raisons. Oui, me répondra-t-on, vous en avez donné les raisons; mais que prouvent-elles? Que vous vous contredisez vous-même. Vous dites que la charrue mord plus fort dans des mollieres que dans des endroits secs; &, deux lignes après, qu'il faut avancer le coutre dans une terre molle, pour qu'il ne démorde pas : cette contradiction est claire. J'avoue qu'il y a une contradiction formelle d'expressions, faute de termes ; mais il n'y en a point dans les opérations. Si la charrue , à la même ouverture d'angle , pique beaucoup plus avant dans une terre molle que dans une terre fèrme , il faudra la déterrer confidérablement auffi, pour opérer dans celle-là , au même point d'entrure qu'on opéroit dans celle-ci. En la déterrant ainfi, il faudra la débraquer à proportion , afin que la largeur & la hauteur du fillon foient toujours en même raifon l'une de l'autre. Il faudra auffi hauffer néceffairement le coutre , pour l'accorder avec le foc. Mais ces deux fers pourront-ils bien s'accorder en-deçà du point de l'entrure ordinaire ? Plus une ligne oblique fe rapproche du point de feétion , plus elle fe rapproche auffi de la ligne avec laquelle elle fait angle , & plus auffi elle s'éloigne, en reculant , de l'extrêmité de cette ligne. Or, plus on hauffera le coutre, plus il fe rapprochera du foc, en s'éloignant de fa pointe ; plus il fe rapprochera du foc, moins il mordra dans la terre , plus il fera reculé de la pointe de ce foc, plus il opérera trop tard ; & par conféquent la charrue fe laiffera d'autant plus facilement aller dans une terre molle, qu'elle aura moins d'entrure, & que cette terre aura moins de confiſtance : donc il faudra avancer le coutre pour y manœuvrer ? Donc il n'y a point de contradiction dans la pratique ? Si aucuns des inconvéniens ci-deſſus ne ſe rencontrent dans la piece à labourer, la charrue ira toute ſeule ; ſi le premier ſillon eſt droit, elle continuera tous les autres droits ; s'il eſt courbe, elle le redreſſera : c'eſt ce qui prouve encore l'excellence de ſa manœuvre, puiſqu'elle tend toujours à la ligne droite, *in tenui labor.* Mais il me ſemble que je ne ſaurois trop inſiſter ſur ce point eſſentiel de méchanique, non pas parce qu'il eſt inconnu, mais parce qu'il explique la plus belle & la plus importante manœuvre de l'agriculture, & que ſa démonſtration fait appercevoir tout d'un coup le méchaniſme des bonnes charrues & le défaut des mauvaiſes. Cela eſt vrai, me dira un raiſonneur ; cependant il n'y a point d'apparence que la hauteur des grandes roues ſi vantées ſoit un défaut. Si l'on vous en croit, les roues n'ont été miſes à

la charrue, que pour en soutenir l'a-
vant-train, & régler l'entrure. Cependant la tire des charrues des environs de Paris, & de tant d'autres sem-
blables, appuie fortement sur leurs
roues, qui ne sont pourtant pas des
plus hautes : si vous ne vous en rap-
portez pas à l'empreinte qu'elles laif-
fent sur la terre, mettez-y le pied deffous, & vous jugerez plus fensible-
ment du poids qu'elles portent. Donc
les roues sont mises aussi pour alléger
la charrue ? Les gens de l'art qui auront lu ou entendu lire ce que j'ai dit
de la rotation, ne me feront pas un
pareil argument; mais il faut répondre
à tout le monde. Je n'ai pas besoin
d'éprouver la pression de ces roues
pour juger du poids qu'elles portent;
je sais qu'il est considérable, & qu'il
doit l'être. Mais voyons d'où ce poids
provient, & si les roues le portent à
la décharge de l'arriere-train, lequel,
comme je l'ai dit, oppose toute la ré-
fistance à la tire. J'ai établi pour principe, que les corps immobiles (car la
charrue est bien égale, je pense, à
une pierre dont le poids feroit la même
résistance à la tire) s'opposent tou-

jours en même direction, en ligne droite, aux forces vives qui l'entraînent; c'est donc à cette ligne droite qu'un corps quelconque est contraint d'obéir, quand la somme des forces de cette ligne vainc la somme du poids du corps attiré. Mais essayez de tirer à vous ce même poids par une ligne indirecte, la même somme de forces attractives ne suffira plus, parce que vous aurez en outre la force de déviation à vaincre, ou l'effort que fera la ligne courbe à son obtusion pour devenir droite. Par exemple, la chaîne qui tire sur le milieu de la perche posée diagonalement, lui fait effort pour la rabattre à sa direction, qui est celle de la tire des chevaux. Si la perche étoit libre, elle obéiroit d'elle-même à cette loi de gravité; mais étant retenue par ses deux extrêmes qui s'y opposent, leur résistance pese nécessairement sur l'avant & l'arriere-trains, en raison de la contrainte qu'elle éprouve; & plus sur l'un que sur l'autre, à proportion que cette perche est plus ou moins élevée, & que le collet ou l'anneau de la chaîne est mis plus ou moins près d'un bout que de l'autre. Le poids que

que portent les roues, & le frottement forcé qu'essuie le scep, exigent
donc un surcroît de forces indirect à
la manœuvre, & par conséquent en
pure perte aux dépens des chevaux.
Les grandes roues donc, encore une
fois, ne conviennent point pour la
charrue.

ARTICLE III.

CE n'est point non plus dans un soc
étroit, large, court ou long que se
rencontre la perfection d'une charrue, puisqu'il doit être plus long &
plus étroit pour la charrue à tourne-
oreille que pour le binoir : la raison en
est sensible. Si le soc de la charrue
étoit aussi large que celui du binoir, il
saperoit, en débordant le coutre, la
prochaine raie par la moitié ; l'autre
côté de ce soc, étant de la même largeur, couperoit, en revenant, l'autre
moitié de la raie ; cette raie ainsi mi-
née, se laissant aller à l'opération du
scep, rendroit les fonctions du coutre
inutiles, lequel, n'étant point soutenu

par le fillon qu'il doit entamer, cou-
leroit avec la charrue dans la raie. Si
la pointe de ce foc étoit auffi courte
que celle du foc du binoir, il s'accor-
deroit mal avec le coutre, qui la de-
vanceroit trop, & tomberoit par-là
dans les inconvéniens que j'ai fait
voir ci-deffus. (Le lecteur s'apperçoit
bien que ces inconvéniens ne fub-
fifteront pas pour la charrue fimple,
celle qui n'a qu'une oreille, puifque
le foc eft fans largeur de l'autre côté
de cette oreille immobile). Si au contraire le foc du binoir étoit auffi étroit
que celui de la charrue, il ne pourroit
pas, en allant, trancher la moitié du
fillon prochain, que l'oreille de ce
côté là jette fur la terre à labourer,
pour être enfuite renverfée, au retour,
par l'autre oreille, & former le fillon
de ces deux moitiés repliées l'une fur
l'autre, & tomberoit par-là dans le
même défaut que j'ai reproché à l'a-
rau. Si la pointe de ce foc étoit longue, elle laboureroit devant fes côtés,
qu'elle affujétiroit de fuivre fa direction & fes mouvemens ; elle les empêcheroit d'entrer, fi elle étoit trop
rampante, & les feroit entrer trop

fort, si elle étoit trop baissée, ou les interromperoit au moindre choc ; comme le mérite de ce soc consiste principalement dans la largeur de ses côtés tranchans, ils doivent travailler immédiatement, sans dépendre de la pointe qui ne doit former que le sommet de l'angle.

ARTICLE IV.

JE ne vois point d'apparence non plus que la perfection de la charrue soit dans la pluralité des coutres. J'ai fait voir que le soc & le coutre devoient opérer de concert. Si l'on ajoute un second coutre, il faudra nécessairement qu'il soit éloigné du premier, au moins de sa largeur ; il coupera donc la moitié du sillon, sans être aidé par le soc ? Alors il essuiera seul une résistance d'autant plus grande, qu'elle sera opposée à son tranchant dans tous les points de sa hauteur ; & comme il forme une espece de prisme, les frottemens de ses côtés l'augmenteront encore en raison de leur épaisseur. Si

le foc y répond, ce ne peut être que
par une longue pointe, laquelle, ne
faifant qu'un petit trou longitudinal,
ne le foulagera pas beaucoup, je pourrois dire point du tout ; puifqu'elle
fera trop éloignée de l'action du fcep,
qui eft, pour ainfi dire, le coin qui
fend la terre en deffous. Si le foc aide
à ce premier coutre, il nuira au fecond, en foulevant trop vîte fon
demi-fillon au point où il ne devroit
le couper qu'entre deux terres, &
que le coutre doit le tailler perpendiculairement. Ce déchirement, en rendant prefque inutiles les fonctions du
coutre, ajoute confidérablement à la
réfiftance. Ces deux coutres feront-ils
dirigés vers la terre à labourer ? tous
les deux ? un feul ? ou ne le feront-ils
pas ? Nouveaux inconvéniens de tous
côtés. Si le premier coutre eft pofé fur
une ligne oblique, outre qu'il trouvera
plus de réfiftance du côté de la terre,
puifqu'elle oppofera une plus grande
maffe à fa direction, il en éprou-
vera une autre plus confidérable encore, en tranchant la terre obliquement fur une ligne droite. Je m'explique. La direction de la charrue,

quelque divergence qu'aient ses parties, obéit toujours, comme je l'ai
dit, à la force attractive en ligne droite;
par conséquent, quoique le coutre
écarte son tranchant de la direction de
la tire, il n'en est pas moins forcé d'en
suivre parallélement le fil. La résistance
de la terre sera donc en raison de son
obliquité; de forte que si son obliquité est de trois fois l'épaisseur de
son tranchant, la résistance de la terre
sera trois fois plus grande, &c. Si ce
coutre est posé directement, comment braquer la charrue pour la faire
mordre, lorsque le coutre présentera
toujours son plat à la terre? Il est impossible. Si l'autre coutre est posé obliquement, il le retiendra un peu; mais
dans ce cas-là, il y auroit une tranche
du sillon plus large que l'autre, & ce
labourage forcé seroit encore irrégu-
lier. Un troisieme, un quatrieme, &c.
ne peuvent donc que tripler & qua-
drupler les inconvéniens & les défauts.

ARTICLE V.

ENFIN gît-elle, cette perfection, dans
une oreille convexe, concave, ou à
tire - bouchon? Les uns s'imaginent
qu'une oreille convexe pouffe mieux
la terre, c'eft-à-dire, plus loin qu'une
oreille platte; d'autres, qu'une oreille
concave la façonne mieux. Il n'y a
point de raifonnement dans ces opi-
nions là. Si l'on avoit réfléchi fur les
fonctions de l'oreille, on auroit dit:
l'oreille eft faite pour renverfer la
terre; elle doit donc faire, avec le
rayon, un angle fuffifant pour la renverfer? C'eft donc la grandeur proportionnée de cet angle ouvert par
l'arc-boutant qui donne le point, &
non pas la convexité de la planche,
puifque cette oreille étant conftam-
ment de la même diftance de la charrue pour toutes les raies, elle ne peut
pouffer les unes plus loin que les autres. Ce raifonnement étoit fimple,
mais le merveilleux ne s'en accommode pas.

L'oreille concave eft plus fpécieufe,

en ce qu'elle semble bomber le sillon ; mais cette apparence ne présente que de l'erreur.

Si on laboure une terre roide ou gasonneuse, le sillon s'élevant en planche, n'entrera pas dans cette concavité ; s'il y entroit, il souleveroit la charrue. Si la terre est meuble, cette forme d'oreille n'en est pas moins inutile, comme on le verra tout à l'heure. Pour l'oreille à tire-bouchons, à laquelle on attribue les prétendus avantages des deux autres, c'est un rafinement que l'art ne connut jamais. Je commence par nier le supposé, que ce soit l'oreille qui fasse le sillon ; ce sont le soc, le coutre & le rayon qui le font, & non l'oreille, qui ne fait que le renverser. Faites attention que le soc étant plus bas que le coutre, coupe & souleve la terre par-dessous, tandis que le coutre la tranche sur le côté, à trois pouces de distance ; (car en le supposant armé à deux pouces & demi, il en prend bien trois dans l'opération par la contrainte qu'il essuie). Cette partie du sillon, qui se détachera entre les deux fers qui la pincent, prendra naturellement la

forme ronde du sillon suivant la direction du coutre, lequel forme, avec le
soc, comme une espece de moûle.
Le sillon ainsi arrondi en bloc, s'élé-
vera en commençant à se replier sur
le bout du scep, jusqu'au rayon auquel
il présentera le flanc. Remarquez que
ce rayon étant sur la ligne du soc, &
par conséquent au milieu du sillon, le
fendroit en deux parties égales, dont
la moitié passeroit d'un côté, & l'autre
moitié de l'autre, si le coutre ne le
lui envoyoit obliquement tout entier
sur le même côté. La moitié de çe sillon, du côté du coutre, sera donc
forcée, par ce rayon, à s'élever sur
l'autre moitié, pour passer avec elle
de l'autre côté ; la moitié de dessous
faisant corps avec celle de dessus, cédera au même effort, & le sillon s'é-
lévera perpendiculairement sur le côté,
en se tordant, jusqu'à sa naissance au
coutre, & par-là le disposera à recevoir cette forme bombée que le soc
& le coutre lui donnent. Ce n'est
donc point l'oreille qui fait ni arrondit le sillon, puisqu'elle le reçoit tel du
rayon. Ses fonctions ne sont donc
que de le renverser comme il est. Ses

différentes

différentes formes d'oreilles font donc au moins inutiles ? Car fi elles y faifoient quelque chofe, la convexe feroit contraire au bombement du fillon, puifque fa convexité le rendroit concave ; la concave, comme je l'ai déja dit, feroit contraire dans une terre gazonneufe ou dure, & feroit encore défavantageufe dans une terre meuble. Son rebord forçant le côté fupérieur du fillon à baiffer trop vîte, l'affaifferoit, & applatiroit le fillon entier. Pour l'oreille en tire-bouchon, elle ne me paroît imaginée que pour la fingularité. L'oreille plate n'a point ces défauts recherchés : elle convient par-tout. Si le fillon s'éleve en maffe, elle lui oppofe une face unie, fur laquelle il gliffe fans obftacles, & fe renverfe fans foulever la charrue. Si la terre eft friable, il fe replie de lui-même, fuivant fa forme, qu'il prolonge jufqu'à fon repos (1). Mais, me

____

(1) C'eft fi peu l'oreille qui bombe le fillon, que le binoir qui en a de plus évafées que celle de la charrue à coutre, ne l'arrondit jamais ; s'il eft fuperficiel, il refte plat ; s'il eft profond, il fe fait aigu : & cela, parce qu'il n'y a point de coutre.

G

dira-t-on, ôtez l'oreille, il n'y aura
plus de sillon. Otez l'oreille, le sillon
ne sera pas renversé, mais il sera formé. Parce qu'on retourneroit le sillon, auroit-il été moins renversé? Ce
n'est donc point le renversement qui
fait le sillon? Cela est si vrai que, de
quelque maniere que vous appliquiez
un volume de terre quelconque depuis
le rayon jusqu'au bout de l'oreille,
fût-ce la concave, vous ne ferez qu'un
bout de sillon informe, &c.

CHAPITRE VI.

Des instrumens servant au labourage.

ARTICLE PREMIER.

Description de la herse triangulaire.

LA herse est un instrument plus
indispensable aux laboureurs, que
ne l'est le rateau aux jardiniers. Je
ne m'amuserai point à dessiner celles
qui n'en méritent pas le nom. Il y
en a de toutes les façons, en quarré, en trapeze, & en triangle. La
triangulaire est la plus réguliere &
la plus avantageuse de toutes. Cette
herse est un triangle isoscele, d'envi-

ron soixante-dix degrés d'ouverture, formé par trois soliveaux de trois pouces de largeur sur environ deux pouces & demi d'épaisseur; sa longueur est arbitraire, & se proportionne au terrein. Dans les deux côtés s'emmortoisent deux traverses de même grosseur, dont celle du milieu est moyenne proportionnelle arithmétique, & parallele à l'autre & à la base; le tout garni de vingt-neuf chevilles, sept de chaque côté, huit à la base, cinq à la traverse du milieu, & deux à l'autre; toutes distribuées de maniere qu'aucune ne passe sur la perpendiculaire d'une autre, mais entre deux, comme dans la figure A. Leur longueur se proportionne aussi au terrein; mais les deux de devant *bb*, doivent être d'un quatrieme environ plus courtes que les deux dernieres *cc*, & toutes les autres suivent cette proportion. Elles doivent également former sur leur base un angle plus ou moins ouvert : dans les terres ordinaires, il sera de trente à trente-cinq degrés.

La herse triangulaire présentant son sommet pointu à la terre, l'entamera d'autant plus facilement, que les quatre premieres dents qui l'ouvrent, font plus petites ; & que les fix autres, de chaque côté, qui l'attaquent à la fuite les unes des autres, trouveront un côté déjà rompu ; & que celles de la bafe & de la traverfe du milieu pafferont entre deux côtés brifés, comme on peut le remarquer à l'infpection de la figure : mais on n'y verra pas la raifon pourquoi les dents courtes pénetrent mieux la fuperficie de la terre, que les longues. C'eft que plus une ligne quelconque eft prolongée, plus elle s'éloigne de fa bafe ; & plus elle s'éloigne de fa bafe, plus elle donne de jeu à la force centrifuge. Cette force donc, qui eft celle du levier, non feulement retiendra la dent en raifon de la réfiftance & du frottement qu'elle effuiera dans la terre, mais l'empêchera encore, en même raifon, de la pénétrer, en lui faifant effort pour la renvoyer au-delà de la perpendiculaire. Par conféquent, une longue cheville ne peut pénétrer comme une courte, fi elle ne forme un angle plus petit qu'elle. Cela a été prouvé dans la démonftration de la charrue.

Il faut que chaque cheville foit à fon point de proportion. Si elle eft trop courte, elle ne fait rien ; fi elle eft trop longue, elle pique au-deffous des autres ; fi elle rencontre le vif, elle s'y cramponne, & arrête le côté de la herfe où elle eft fichée ; & quand la tire la force à démordre, elle part brufquement, & fait fauter la herfe, ou bien elle fe caffe : mais il feroit fort à propos de leur laiffer à toutes un pouce de tête pour écrafer les mottes, en renverfant la herfe fens-deffus-deffous, & en attachant la tire à fa bafe, comme nous le dirons ci-après. L'angle aigu de ces têtes préfente une arête tranchante, à laquelle la pierre feule puiffe réfifter. C'eft le plus brufque des émottoirs.

La herfe étant de niveau, à fleur de terre, même un peu inclinée fur fon fommet, il faudra chercher le point de la tire à la hauteur de l'angle: car je ne vois pas qu'on puiffe le trouver au parallélifme, comme à la charrue, fans rencontrer beaucoup de difficultés & d'inconvéniens. On alongera donc tout naturellement la

tire suivant la hauteur des chevaux &
l'affiette de la herfe. Si les chevilles
de devant, comme plus courtes, mor-
doient trop, il faudroit la raccourcir,
ou mettre le crochet par-deffous le
fommet de la herfe ; en la relevant,
il modéreroit l'action des chevilles de
devant, & en donneroit à celles de
derriere, en rendant leur direction
plus oblique. Si celles-ci entroient
trop, il faudroit faire tout le contraire, alonger la tire , & mettre un
bâton de travers au crochet fous le
fommet de la herfe ; ce bâton releve-
roit le bras du crochet, & la tire,
pefant deffus, forceroit le devant de
la herfe à baiffer, & par conféquent
le derriere à s'élever. La pratique,
dira-t-on, tranfmet la connoiffance
de ces expédiens & de beaucoup
d'autres, aux gens de l'art. Oui, la
bonne pratique, mais les principes
feuls donnent l'intelligence : il ne fuffit
pas de favoir par ouï-dire, qu'il faut
faire telle ou telle chofe, dans telle
ou telle circonftance ; mais il faut favoir, pour la bien faire, pourquoi &
comment il la faut faire. Ce pourquoi
& ce comment renferment des détails

immenses, dont les connoissances font l'habile homme en son genre ; & celui qui les ignore n'est guere qu'un automate, une machine qui en conduit une autre. C'est le reproche ordinaire que font mal-à-propos les cultivateurs aux laboureurs : c'est (dans le fond) les accuser de ne pas suivre des principes qu'on ne leur a point encore donnés, à moins qu'on ne prît pour tels les préceptes inutiles qu'ils ne veulent pas écouter ; ont-ils tout le tort ? Pour les en convaincre, il faudroit être en état de le leur prouver autrement que par des raisonnemens, ou ils n'en conviendront jamais. N'auront-ils pas raison ?

ARTICLE II.

De la herse quarrée, &c.

JE conviens qu'il est plus facile d'arranger à volonté un nombre quelconque de chevilles, sur les deux ou trois barres d'un quarré long, que sur un triangle donné ; mais quand le point de rapport est une fois trouvé,

la difficulté n'eſt plus pour ceux à qui
l'inſtrument ſert de modele. Les avantages de la herſe triangulaire font aſſez
ſentir les défauts de la herſe quarrée ;
en effet, de quelque maniere que l'on
diſtribue les chevilles, l'on voit que
cette herſe préſentant, au lieu d'un
angle aigu, une large face à la terre
qu'elle entame, eſſuie d'autant plus
de réſiſtance, que cette réſiſtance lui
eſt directement oppoſée toute à la
fois dans toute ſa largeur. D'ailleurs
ſes côtés poſés parallélement à la tire,
ne pouvant être garnis que de deux
chevilles ſeulement, laiſſent un vuide
qui en diminue, d'un ſeptieme environ, la quantité que le triangle porte
ſur un plan égal au quarré de la herſe,
à laquelle il faudra ajouter une traverſe de plus, encore embraſſera-
t-elle un tiers moins de terrein. Re-
voyez la figure A, & faites attention
que la perpendiculaire, par la moitié
de ſa baſe, donne un produit égal au
triangle formé par ces deux lignes
entieres : la perpendiculaire A & la
moitié de la baſe B du triangle A, donneront donc le quarré long ou la herſe
C. Pour obſerver une certaine pro-

portion dans ces deux différentes
herſes, les chevilles, dans l'une &
dans l'autre, doivent être à peu près
de la même diſtance. La perpendiculaire, ou la ligne A, étant d'un
tiers environ moins longue que la
ligne tirée des points *dd* à la baſe
du triangle A, ſur laquelle ligne
paſſent dix chevilles : cette perpendiculaire, dis-je, embraſſera un
tiers moins de terrein, & aura auſſi à
peu près un tiers moins de chevilles :
elle en aura donc tout au plus ſept ;
mais comme aucune ne doit paſſer ſur
la trace d'une autre, les trois autres
lignes égales ou barres n'en pourront
avoir que ſix chacune, qui feront dix-
huit ; leſquelles, avec les ſix de la derniere barre, ne feront que vingt-cinq.
La herſe quarrée aura donc à peu près
un ſeptieme de chevilles de moins ſur
une égale ſurface, & embraſſera un
tiers moins de terrein que la triangulaire.

La herſe dont les chevilles ſont poſées en direction centripete, c'eſt-à-
dire, fichées droites en terre, ou ſont
inutiles, ou contraires à la bonne culture. Ce n'eſt pas une des moindres

erreurs accréditées par l'ignorance,
que de s'imaginer que la herſe ne ſoit
faite que pour couvrir la ſemence; &
en conclure de là que les chevilles
émouſſées & poſées toutes droites,
ſoient les plus convenables. Quand il
ſeroit vrai que la herſe ne fût que pour
couvrir la ſemence, la diſpoſition de
ces chevilles n'en ſeroit pas moins un
abus dans la pratique. Il y a trois
ſortes de terres, relativement au labourage; les légeres, les compactes,
& celles qui tiennent le milieu entre
ces deux eſpeces. Dans la premiere
eſpece qu'il faut fouler, cette herſe,
à la vérité, n'y ſera point contraire,
puiſque la direction centripete de
ſes chevilles émouſſées, ne la rend
propre qu'à cela; mais elle ſera inutile, en ce que la herſe triangulaire à
reculons en fera beaucoup mieux l'office.

Si on ſe rappelle que les chevilles
de la baſe de la herſe triangulaire
ſont plus hautes que celles de ſon
ſommet, on jugera facilement que la
tire peſant ſur cette baſe tournée en-
devant, fera lever le ſommet qui ſe
trouve par derriere; il faudra donc y

mettre un poids fuffifant pour contre-
balancer l'autre extrême. Alors, les
chevilles formant comme autant de
points d'appui entre ces deux puiffances centrifuges ou forces du levier,
affapperont d'autant mieux la terre,
qu'étant inclinées, elles porteront
deffus par plus de furfaces.

Mais cette autre herfe inutile dans
les terres légeres, eft tout-à fait contraire fur-tout dans les compactes,
qu'elle affaiffe encore, au lieu de les
ameublir.

Le véritable ufage de la herfe,
comme on le verra dans la fuite, eft
de réduire la fuperficie, & de déraciner les herbes, &c.

ARTICLE III.

Du traîneau.

Le traîneau eft une efpece de petite
échelle, dont les laboureurs fe fervent
pour conduire la herfe fur le champ,
& pour la charger au befoin dans les
opérations. Il eft compofé de deux
morceaux de madriers, arrondis fur

leurs bouts, un peu moins larges &
moins éloignés l'un de l'autre que
leurs extrêmités. Les échelons qui
les joignent font à peu près à deux
pouces des bords supérieurs, afin d'é-
viter les pierres & les éminences qu'ils
pourroient rencontrer en chemin,
s'ils étoient plus bas. Voyez la figure D.

ARTICLE IV.

De l'émottoir.

L'ÉMOTTOIR eſt un inſtrument d'a-
griculture pour briſer les mottes. Il y a
pluſieurs ſortes d'émottoirs : dans les
pays où on ne laboure qu'avec des
bœufs, ce n'eſt qu'un bout de ſoli-
veau emmanché d'un timon en forme
de double potence ; les autres ſont des
chaſſis ſimples, doubles, &c. les meilleurs ſont ceux qui ont trois ou quatre
traverſes, comme la herſe quarrée, de
la figure *C & E :* leur poids portant
ſur plus de baſe, leur donne plus d'aſ-
ſiete, & briſe les mottes ſans déchi-

rer les plantes; il ne s'agit que d'y faire un onglet fur le bout de chaque côté *ff*, qui dérafe la premiere barre de trois, quatre pouces, afin que les mottes qui fe rencontreront fur cette barre ne puiffent pas s'échapper. Sa longueur eft de fix à fept pieds, plus ou moins, fuivant le niveau de la terre. Si l'on en faifoit ufage (comme on le devroit) pour les petits fillons ou billons, il fuffiroit qu'il en embraf-fât deux, de crainte qu'en en prenant davantage, comme il ne porteroit que fur trois points, qui fe trouvent rarement de niveau dans les fillons, il n'écorchât les uns fans émotter les au-tres. Pour les planches, il fera le quart, ou la moitié de leur largeur; car il porteroit à faux des deux bouts, fi fon milieu fe rencontroit fur le fommet qu'il déchireroit. Sa largeur eft arbitraire. Les fonctions de l'émot-toir font donc de brifer & pulvérifer les mottes; il n'eft guere d'ufage que dans les terres emblavées. La herfe retournée eft pour les guérets. On charge au befoin l'émottoir, comme la herfe, avec le traîneau.

ARTICLE V.

Du rouleau.

LE rouleau eſt un inſtrument fait
pour fouler la terre. Il eſt compoſé
d'un cylindre de bois ou de pierre,
garni dans ſes bouts de deux boulons
de fer *g g*, qui s'emboîtent, comme
des aiſſieux, dans deux courbes de
bois faites en brancarts, liées à leurs
extrêmités par quatre traverſes, dont
la premiere ſert de barre pour y atteler
les chevaux aux petits crochets *h h*. Sa
groſſeur ou plutôt ſon poids, doit être
relatif au terrein plus ou moins léger.
Sa longueur regle celle de ſes côtés;
elle ne doit point excéder huit pieds,
au-delà deſquels il porte preſque toujours à faux. Il ſeroit à propos d'y
pratiquer une petite ſellette dans le
milieu, au-deſſus du cylindre, où le
conducteur puiſſe s'aſſeoir; alors on
pourroit ſe ſervir du même rouleau
dans toutes les terres légeres; il rou-
leroit à vuide ſur celles qui ne deman-
deroient pas à être foulées bien fort;

& chargé de cet homme ou de pierres, fur celles qu'il faudroit affapper durement. Il eft très-aifé de faire porter cette fellette fur les deux brancarts, au deffus des petits aiffieux, appuyée des autres côtés fur les deux barres. Sans cet expédient, prefque toujours néceffaire, il feroit inutile d'y mettre des brancarts, qui gênent le rouleau à la tourne, & qui déchirent les plantes en reculant d'un bout quand l'autre tourne trop court. Deux manivelles de bois, mifes en liberté aux boulons, & contenues par deux goupilles, donneront plus de foupleffe à la tire, & par conféquent plus de jeu & de facilité au rouleau pour fe mouvoir. La befogne du rouleau eft moins d'écrafer, que de fouler la terre ; ainfi fon ufage, quoi qu'on en dife, eft fort différent de celui de l'émottoir, qui n'eft que pour brifer & pulvérifer les mottes.

Une terre compacte donne naturellement plus de mottes qu'une terre légere ; cependant le rouleau y eft auffi contraire, que l'eft l'émottoir dans une terre légere, où le bled fe déracine facilement.

Voilà, ce me semble, l'analyse des inftrumens d'agriculture affez détaillée pour fe former une idée jufte de leur manœuvre. Paffons à préfent à leurs propriétés, & examinons leurs avantages particuliers & communs, fuivant les circonftances.

CHAPITRE VII.

Du labourage & des défrichemens.

CE mot de *labourage* vient du verbe latin *laborare*, qui fignifie travailler. Suivant cette étymologie, il auroit une expreffion auffi étendue que celle de l'agriculture, puifqu'il comprendroit, comme elle, les champs, les vignobles, les vergers, &c. &c. Mais la propriété trop vague de ce terme eft reftreinte aux opérations aratoires. L'agriculture, fous le point de vue que je la regarde, n'a pas une autre acception. Ces deux mots de labourage & d'agriculture font donc fynonymes pour moi, & fignifient, l'un & l'autre, *l'art de faire du guéret, en détruifant les herbes,*

herbes , &c. Entrons dans les opérations.

On se sert du binoir pour les défrichemens simples (1), pour le premier

---

(1) J'appelle défrichemens simples, les défrichemens des terres qui ne sont couvertes que d'herbes, comme les marais desséchés, les pelouses, les prés naturels, artificiels, &c. Celles qui sont hérissées de bois, d'épines, de joncs, de bruyeres, &c. sont pour les grands défrichemens, ou plutôt pour les arrachis. Il est vrai qu'on peut, à force de tire, défricher les joncs & les bruyeres à la charrue ; mais les charrues de bois, armées de fer, même les plus renforcées, ne sont point propres à une si rude opération ; les fibres du bois sont trop souples pour résister aux grands efforts qu'elle leur fait essuyer. Quelque grosseur que l'on donne à leurs parties, l'assemblage le mieux joint prête à ces efforts, & fait perdre l'équilibre, la direction & l'entrure de la charrue. D'ailleurs, le scep présentant trop de volume à la terre, en est repoussé par plus de points. Il faut donc, pour défricher ces terreins-là, que le scep, le rayon, & le manche jusqu'à l'emboîture de la fleche inclusivement, soient de fer. Si la charrue est plus pesante à tourner, elle en sera moins lourde à traîner : car ce n'est point son poids qui l'appesantit, mais sa mauvaise structure. On en verra les raisons dans plus d'un

H

labour des chaumes des mars, ou menus, qui se fait en automne, pour préparer la terre au froment, & souvent
à la troisieme façon, & quelquefois
(comme l'on verra ci-après) aux enfemencemens. La charrue à coutre ou
à tourne-oreille est seule d'usage pour
la seconde façon, & non au contraire.
En voici la raison. Le binoir ayant son
soc extrêmement large, tranche, en
allant, la moitié du sillon, que les
oreilles renversent sur la terre à labourer, & l'autre moitié du côté opposé. Pour entendre plus facilement
cette manœuvre, établissons notre binoir d'à-plomb sur la terre à labourer ;
& remarquons que les roues étant
toujours d'une distance égale & parallele, l'équilibre est le terme moyen
qui répond au point de l'entrure de
ce premier labour ; par conséquent,
qu'il faut braquer la charrue en sens

---

endroit de cet ouvrage ; mais nous n'en
fommes pas encore là. Si l'on entend bien
ses intérêts, on améliorera les terres en valeur, par la marne ou autre engrais naturel, & par une bonne culture, avant que de
passer aux grands défrichemens.

contraire pour les extrêmes, à proportion que vous augmenterez ou di-
minuerez l'entrure naturelle. Mais,
comme il ne s'agit préfentement que
de cette entrure (1), continuons la
raie jufqu'au bout, & tournons la
charrue fur la terre à labourer, en
dirigeant l'angle aigu des oreilles, entre la moitié du fillon replié fur la terre
à labourer, & la terre à labourer;
voyez-vous que, dans cette direction,
l'autre côté du foc coupera l'autre moitié du fillon actuel, qui eft deffous la
premiere moitié tranchée ? L'oreille,
de ce côté-là, étant femblable à l'autre,
fera la même fonction, par conféquent renverfera dans la raie ces
deux moitiés tranchées, qui formeront le fillon en changeant de pofition;
de forte que la moitié, qui fe trouvoit
fur l'autre moitié, fera deffous. Le
bon effet qui en réfulte, eft, que le
gazon fera plutôt pourri, que s'il étoit
fimplement pouffé dans la raie, comme

---

(1) L'abaiffement de la roue dans la raie,
égal des deux côtés à cette moyenne entrure, ne changeant point l'équilibre de la
charrue, eft compté pour rien.

vous verrez tout-à-l'heure. La bande
de deſſous pourroit bien recevoir de
la nourriture par les racines, qui touchent le fond de la raie ; mais la bande
de deſſus, dont les racines ſont en
l'air, l'étouffe en mourant, & elles
ſervent toutes les deux d'engrais.

Il n'en eſt pas de même de la charrue à coutre : celle-ci, par l'office du
coutre, taille une grande tranche de
gazon, que ſa roideur, réſiſtant à l'o-
reille, force à reſter droite ſur le côté ;
l'herbe qui reçoit l'air, loin de périr,
produit par l'effet du labour même.
D'ailleurs on ne peut que très-diffici-
lement réſoudre ce labour avec la
herſe, dont la moitié des dents perd
ſon action dans l'interſtice des ſillons
mal renverſés. Je ſais qu'il eſt des ter-
reins tiſſus de gramen, de chiendent,
&c. fort mal-aiſés à défricher au binoir. Laboureurs, prenez courage, &
ne vous impatientez point ; tâchez de
les écorcher, comme vous pourrez ;
votre labour ne fût-il qu'une fouil-
lure de cochons il vaudra encore bien
mieux que les plus élégans ſillons de
la charrue à coutre. Si cependant,
comme il arrive dans les fonds aqua-

tiques pleins de joncs, la terre, s'élevant en maffes, faifoit trop fouvent
fauter le binoir ; alors, fi vous ne pouvez pas en venir à bout, mettez-y un
coutre ; il entamera mieux le gazon
que l'angle des oreilles , mais il ne ré-
duira pas fi bien la terre ; & comme il
n'aura que très-peu d'obliquité , il ne
fera point facile à conduire. J'en ai
dit les raifons.

CHAPITRE VIII.

Des chaumes des mars.

LA bonne agriculture exige qu'immédiatement après la récolte des
bleds, on laboure les chaumes des
mars pour préparer la terre au froment, & les chaumes des grands bleds
après. Dans beaucoup d'endroits, on
fait le contraire; le laboureur, après
la moiffon, éboule les chaumes des
bleds - froment & feigle, pour y femer des mars ou menus, & ne touche
pas aux chaumes des mars avant l'hiver. Cette pratique eft contraire à

l'ordre naturel de l'agriculture. Ce n'eſt pas que cette façon ſoit un mauvais ouvrage ; au contraire, tout labour fait avant l'hiver, eſt toujours meilleur que celui qui n'eſt fait qu'après ; mais quand on n'a pas le tems de faire les deux, il eſt bien plus important de donner, avant l'hiver, une façon à la terre qui doit être ſemée en grands bleds, laquelle a beſoin des influences de l'air, qui ne peuvent la pénétrer qu'elle ne ſoit diviſée, que de l'en priver pour celle qui eſt deſtinée aux menus, comme on le verra dans la ſuite. Mais une grande queſtion de l'agiculture, eſt de ſavoir s'il faut donner ce premier labour profond ou ſuperficiel. Tous nos auteurs tiennent pour l'affirmative, à cauſe des bénéfices de l'air, &c. Pour moi, je penſe que l'on doit diſtinguer une terre nette, ou qui n'eſt couverte que de chaumes, d'avec une terre en herbes ou en friche ; il eſt certain que plus la premiere eſt piquée, mieux elle reçoit l'eſprit univerſel de l'athmoſphere (comme ils diſent) ; mais il n'en eſt point ainſi d'une terre herbée. Pour bien préparer une terre à recevoir la

femence , ce n'eft pas affez de l'expo-
fer à la gelée, au foleil, au vent, &c.
Il faut d'abord commencer par détruire
les herbes, les racines, & toutes les
productions fauvages qui nuifent au
bled. Je demande fi ce feroit bien s'y
prendre, en commençant par un profond labour ? Je vais tâcher de prouver que non. J'obferve que plus on
entre une charrue quelconque, moins
elle renverfe la terre ; que plus la terre
eft herbée, plus elle réfifte aux oreilles
de la charrue, & plus les fillons prennent de volume. Comment donc fera-
t-il poffible de réduire ces fillons gazonneux, épais, & mal renverfés ?
Sera-ce la herfe qui les déchirera ?
Alors elle ramenera fur la fuperficie
les trois quarts du gazon. Sera-ce une
feconde façon de charrue qui les ré-
duira ? Elle bourera, & fera pire que
la premiere. Se fervira t-on du rouleau à chevilles de fer ? Les pointes
n'auront aucun effet dans le gazon. On
fera donc à la fin réduit à les laiffer
mûrir plufieurs années, ou à femer,
après une quantité de façons, dans
l'herbe, avec la certitude de ne rien
recueillir. Expliquons l'avantage d'un

labour fuperficiel. Quand on a de pa-
reilles terres à labourer, il faut s'y
prendre, s'il fe peut, par un tems qui
ne foit ni trop fec ni trop pluvieux,
mais que ce foit avant l'hiver. Alors
on y établira le binoir, dont le foc
fera bien large, & toujours entretenu
en bon état; & on ne lui donnera
d'entrure, qu'autant qu'il lui en faudra pour trancher la terre immédiatement au-deffous des racines de l'herbe
ou du gazon; il renverfera fes fillons,
comme je l'ai dit plus haut, & fon
labour aura le même effet. Après l'hiver, dans le mois d'avril, ou au commencement de mai, avant de leur
donner la feconde façon, qui eft celle
de la charrue à tourne-oreille, on les
herfera deux ou trois fois avec une
herfe à dents de fer, ou armée de fer;
la premiere façon fe donnera directement; la feconde, diagonalement, &
la troifieme, perpendiculairement: car
fi la feconde, & principalement la
troifieme, avoit lieu la premiere, elle
arracheroit des fillons entiers fans les
réduire. Mais dans ces fortes d'ouvra-
ges là, quoique les façons foient don-
nées fuivant les regles, elles ramene-

ront

font fur la fuperficie tous les gazons
qui ne feront pas pourris, & formeront beaucoup de mottes; mais tant
mieux. Il faut, pour bien faire, que
les herbes & les racines reviennent
fur la furface, foit que l'on veuille les
brûler, ou les enterrer à la charrue.
Mais comment faire pour écrafer ces
mottes? Les herfera-t-on, comme le
dit M. Pattullo, tant qu'elles foient
bien réduites? Je ne fais s'il eft poffible qu'elles le fuffent jamais; mais je
crois qu'il faudroit bien des façons.
Pour fe les épargner, on renverfera
la herfe fens-deffus-deffous, on la
chargera, & on attachera la tire à la
bafe. Au moyen des têtes des dents,
qui furpaffent le niveau des folides qui
la compofent, d'un pouce ou d'un
pouce & demi, en heurtant, l'on bri-
fera mieux ces mottes par une façon
en ce fens, que par dix de l'autre.
Car fi ces mottes font feches, elles
réfiftent à l'action de la herfe; fi elles
font lentes ou humides, elles fe jouent
dans les chevilles, & reftent entieres.
Quand donc elles feront bien écra-
fées, par un ou deux tours de cette
façon, fi on veut brûler les herbes &

les racines, on donnera un autre tour, en sens naturel de la herse, pour les déterrer, afin que les rateleuses puissent plus facilement les amasser en tas pour les brûler. Mais si l'on veut les enterrer à la charrue, cette derniere façon est inutile; sans donner le tems à la terre de se croûter, il faut y enfoncer la charrue, qui précipitera toutes les herbes & les racines de la surface au fond de la raie, les couvrira d'une terre neuve qui les étouffera, & en fera un bon terreau pour le bled prochain. Il faut remarquer ici que l'on donne moins d'entrure à la troisieme façon, encore moins à la quatrieme, si elle étoit nécessaire, ainsi qu'aux façons des mars; par conséquent, cet engrais reste trois ans à s'élaborer sous le guéret, après lesquels il fertilise la superficie.

On ne comprendra peut-être pas tout d'un coup, pourquoi la charrue à coutre enfonce mieux les herbes & les racines d'un labour superficiel, que d'un profond. Que l'on fasse attention que dans un labour superficiel, qui sera, je suppose, de trois pouces à trois pouces & demi (cette entrure suffit pour déraciner le gazon & les racines rampantes); la charrue entrera encore de quatre à cinq pouces, & plus, s'il convient, dans la terre ferme, au-dessous de ces trois pouces & demi de gazon, lequel, étant bien réduit, coulera facilement au fond de la raie; & le dessous, ramené dessus sans mélange, formera un beau sillon, sans herbes ni racines. Le labour profond, au contraire, qui n'est, dans tout son volume, qu'un mélange de terre, d'herbes, & de racines, n'a pas de terre pure au fond, pour couvrir son sillon, puisqu'il a eu à la premiere façon, l'entrure de la seconde : donc, de quelque maniere que l'on s'y prenne, on ne peut ramener que du mélange.

Il est donc clair que, dans les terres herbées, le premier labour doit être superficiel, & le second le plus profond de tous; & comme il n'a lieu que chaque troisieme année pour les terres en trois tiers, dont la superficie baisse toujours de quelque chose dans cet intervalle, sur-tout de celles en pente, il doit piquer assez avant pour ramener sept à huit lignes plus

ou moins, suivant le déchet du terrein, de terre vierge sur le sommet
du sillon, sur-tout si le fond est bon.
Cette terre neuve, travaillée par les
labours suivans & le tems, fera corps
avec l'autre, & l'améliorera. Mais
il reste à savoir si, dans les terres
nettes, les labours ne doivent pas être
tous égaux. Je ne vois d'abord aucun inconvénient que le premier soit
aussi profond que le second, à cause
des bénéfices de l'hiver; mais il ne
seroit point du tout à propos que le
troisieme & sur-tout le dernier, fût
continué au même point. N'est-il pas
vrai, que si l'on ne labouroit la terre
qu'à une profondeur égale à la longueur des racines du bled, trois à
quatre pouces d'entrure tout au plus
suffiroient pour l'enterrer? Pourquoi
pique-t-on encore autant au-dessous?
N'est-ce pas afin que l'air puisse pénétrer la terre, pour corriger sa fadeur
& la fertiliser? n'est-ce pas encore
pour donner à l'eau un écoulement
au-dessous du guéret, afin qu'elle ne
noie pas le bled en croupissant sur la
surface? Lorsqu'une terre a été une
fois bien divisée, elle est des années

à se reconsolider avec la même co-
hésion, à la masse dont elle a été
détachée; comme on le remarque
dans les terres rapportées, fussent-
elles de la même nature, lesquelles
après cinquante ans ne tiennent plus
encore l'eau. Une façon ou deux tout
au plus suffisent donc pour bien divi-
ser une terre, & donner toute l'année à l'air & à l'eau un passage libre
par la communication des pores, dans
toute l'étendue du guéret. Il est donc
inutile de remuer davantage le dessous
par la derniere façon. Non seulement
cette entrure est inutile, mais elle est
nuisible. La physique nous apprend
que les racines rampantes fournissent
plus de sucs nourriciers à une plante
quelconque, que les pivotantes; parce
que traçant horisontalement, elles
touchent par toutes leurs surfaces à
la base de l'athmosphere, & à la superficie de la terre, sur laquelle l'athmosphere dépose les principes de la ferti-
lité. Les pivotantes n'entrant dans la
terre que par un point alongé au-
dessous de la superficie, ne peuvent se
nourrir que des sucs voisins & rares
de leur circonférence.

I iij

La physique prouve encore que plus une terre se divise, plus elle acquiert de volume, parce que ses particules se détachant en désordre, forment une quantité prodigieuse d'angles & de convexités qui empêchent leurs surfaces de se joindre, & par conséquent leur volume s'accroît à proportion du vuide des interstices. Si vous défoncez le dernier labour comme le second, vous le rendrez poreux dans tout son volume ; le grain que vous semerez dessus, ne rencontrant point de résistance, alongera ses racines en pivotant, & ira dans cette direction désavantageuse chercher au fond une nourriture moins abondante qu'à la superficie. Au contraire, quand le labour n'est fait qu'à la hauteur des racines du bled, ce grain enterré au sein du guéret rencontre, à la moitié de leur pousse, une terre plus ferme, qui force la moitié croissante à tracer horisontalement. Ce guéret bien réduit abaissera, en s'affaissant, la partie supérieure des racines presqu'au niveau de l'autre, & les couchera dans toute leur longueur parallélement à la super-

ficie de la terre, d'où elles tireront
par tous leurs fuçoirs une nourriture
abondante. C'eſt par toutes ces rai-
ſons-là qu'un vieux labour ſans herbes
eſt préférable à tous égards à un nouveau ; que le binoir qui foule le fond
de la terre en réduiſant la ſuperficie,
eſt plus convenable pour cette derniere façon, que la charrue à coutre ;
& enfin, que le bled couvert par le
binoir, eſt le plus ſûr. On a compris
pourquoi il falloit ſe ſervir excluſive-
ment du binoir à la premiere façon,
dans une terre herbée : on voudra
auſſi ſavoir la raiſon qui le fait encore préférer dans une terre nette où
l'on pique à volonté ; c'eſt que la
charrue à coutre renverſant abſolument ſes ſillons à un point quelconque
d'entrure, ne leur laiſſe d'intervalle
qu'une petite raie à leurs ſommets. La
pluie, l'hiver, les lave & la remplit ;
alors l'eau coulant, ou croupiſſant
ſur le labour, l'efface & le durcit. Le
binoir qui ne fait, pour ainſi dire,
que déplacer la terre en l'écartant,
laiſſe de grandes raies entre les ſillons par où l'eau s'écoule, & donne
priſe au ſoleil, au vent, à la gelée, &c.

I iv

pour les travailler, & les difpofer
à la fécondité. Il faut pratiquer, pour
ne pas m'accufer de contradictions
dans les différentes regles que je
donne. J'ai dit, en parlant du labour
fuperficiel, que le binoir renverfoit
les deux bandes qu'il levoit en allant
& venant, l'une fur l'autre, & des
deux en faifoit un fillon ; & ici, je dis
qu'il ne fait qu'écarter la terre. Si je
me contredis quelquefois dans les
termes, comme j'en ai déja prévenu
les lecteurs, il n'y a pas grand mal
pour ceux qui ne s'attacheront qu'au
fens littéral. Mais je ne crois pas me
contredire dans le fens relatif, qui eft
celui auquel doit s'attacher tout lecteur judicieux qui cherche à s'inftruire,
ou qui veut équitablement critiquer.
Il n'eft pas poffible d'avertir des ex-
ceptions qui fuivent les différentes
circonftances, parce que ces circonftances varient à l'infini dans l'agriculture : mais quiconque en connoîtra
une fois bien les principes, ne prendra plus le change fur les mots ; le ton
d'une phrafe déterminée par d'autres,
lui découvrira tout d'un coup le fens
propre de l'expreffion dont il s'agit,

& décidera, par exemple, à la feule
infpection du binoir, que les oreilles
ayant beaucoup plus d'envergeure
dans le bas que dans le haut, il doit
néceffairement renverfer le fillon fuperficiel, & ne peut qu'écarter le
profond; il l'expliquera ainfi fur une
preuve déja donnée. Plus le fillon
fera fuperficiel, plus il fera étroit, &
plus il fera près de l'oreille; c'eft-à-
dire, que s'il n'a que fix pouces de largeur, il fera extérieurement quatre
pouces plus près de l'oreille, que le
fillon qui en aura dix : l'oreille agira
donc plus immédiatement fur tout
fon volume, lequel étant fappé entre
deux terres par les larges côtés du
foc, cédera fans réfiftance à la convexité de l'oreille qui le renverfera.
Par une conféquence contraire, plus
le fillon fera profond, plus il aura de
bafe & de volume, & plus il s'éloi-
gnera de l'oreille du côté extérieur de
fa maffe. Si cet excédent eft de quatre
pouces, ces quatre pouces n'étant
point tranchés en deffous par le foc,
tiendront bon contre l'effort éloigné
de l'oreille, qui pourra tout au plus

les déranger. Le sommet du sillon gagnant la déclinaison de l'oreille, restera droit en partie sur la base ; donc un sillon profond ne sera qu'écarté : c'est ainsi qu'il doit être pour mieux s'essorer & se mûrir. Si l'on vouloit remuer la terre à fond par cette entrure, il n'y auroit qu'à débraquer le binoir à raison des quatre pouces ; il faudroit pourtant le déterrer un peu, parce que cette charrue se rapprochant de son équilibre, piqueroit au-delà de ce point. Par ce moyen, elle poussera les sillons plus près les uns des autres, & divisera extrêmement la terre. Mais cette opération ne conviendroit guere que pour la premiere façon dans une terre nette : j'en ai dit les raisons en parlant des derniers labours ; encore faudroit-il que cette terre ne fût point aquatique. On vient d'en voir les inconvéniens dans un labour qui seroit fait à la charrue à coutre avant l'hiver. Au reste, il faut voir à quelle terre on a affaire. Si c'est une terre légere, soit qu'on la laboure à l'une ou à l'autre charrue, plus elle sera légere, moins il faudra lui donner de façons, moins il faudra la défoncer, & plus il faudra faire les fillons gros, relativement à l'entrure. Et plus la terre fera compacte, plus il faudra la labourer & la piquer, & faire les fillons les plus petits poffibles, relativement auffi à leur profondeur. Comme il ne s'agit point ici du poids fpécifique de la terre, mais de fa divifibilité, je dis que fa divifion fait fa légéreté. Or il eft clair qu'un gros fillon eft moins divifé qu'un mince ; & l'on vient de voir pourquoi un mince eft plus divifé qu'un gros. Ce feroit donc une erreur, de croire que la terre labourée à petits fillons s'affaiffe plus que la même terre labourée à gros fillons, parce que les petits ou menus fillons paroiffent plus en preffe les uns contre les autres que les gros. Cette contiguïté plus immédiate des petits fillons, eft l'effet de la divifion même, laquelle donnant une plus grande étendue à leur volume, les releve & les unit davantage. Cela eft fi vrai, que fi à la même entrure, à fix pouces, par exemple, vous labourez à deux tiers de fillon, vous éleverez la fuperficie de la terre d'un pouce au moins plus haute qu'en la-

bourant à plein sillon. Donc les petits sillons divisent mieux la terre, &
la rendent plus légere que les gros.
Mais la regle générale que je viens de
donner, n'est qu'un précepte. Tout
dépend des circonstances.

CHAPITRE IX.

De la maniere d'enterrer le fumier.

PLUSIEURS laboureurs enterrent
le fumier par le second labour; cette
pratique ne m'a jamais paru bonne.
Cette façon, qui doit piquer fort
avant dans la terre, enfonce trop cet
engrais; il n'est plus possible après de
le bien mêler avec le guéret, à moins
de lui donner encore une pareille façon; mais on tombera dans une autre
inconvénient, en ramenant sur la surface les herbes avec le fumier. Il est
bon d'enterrer le fumier le plutôt
que l'on peut; mais il faut pour cela,
que la terre soit nette. Pour les terres
herbées, il vaut mieux herser ce second labour une fois; écraser les mot-

tes, s'il s'en trouve, afin que la terre
étant bien divisée, les sels du fumier
la pénetrent plus facilement. Il faut
avoir attention de répandre également & de bien éparpiller le fumier,
& de ne le laisser pas long-tems en
monceaux, tant à cause de la féche-
resse qui absorbe l'humide essentiel
des sels nécessaires à leur action, qu'à
cause du dépôt qui se fait à la place
des monceaux, au préjudice des autres
endroits de la terre. Si le fumier est
consommé, on l'enterrera au binoir,
afin que la terre avec laquelle il se mê-
lera mieux en soit plutôt imprégnée,
sinon légérement à l'autre charrue.
Dans bien des pays, l'usage est de
fumer la côtaison entiere. Sans pré-
tendre le désapprouver, je serois d'a-
vis que l'on ne fumât qu'une certaine
partie de terres, suivant la quantité
de fumier que l'on fait. Presque tous
les laboureurs ont la manie d'entreprendre beaucoup de terres, qu'ils fa-
çonnent mal, & fument encore plus
mal; & pour vouloir plus, ils ont
beaucoup moins. Quel effet peut avoir
une éclaboussure de fumier sur des
terres maigres? Presque aucun. Au

lieu qu'une bonne dofe les rendroit bonnes les unes après les autres; les bonnes, par leur nature, ne rapporteroient guere moins étant bien labourées; & les autres, au bout d'un certain tems, fe trouveroient en bon état. Ou bien, il faut abandonner les maigres, & ne cultiver que les bonnes. Le fumier enterré, on menera la herfe fur la piece par où on a commencé; & étant r'enverfée, on la chargera, comme pour écrafer les mottes, & on la fera paffer à travers les fillons. Une fois fuffira pour applanir une terre déja bien divifée, fi l'on veut fe fervir de l'émottoir, même du rouleau; c'eft la feule opération qu'il foit indifférent de faire avec l'un ou l'autre de ces trois inftrumens: encore ce dernier feroit-il préférable, fi le fumier étoit enterré par la troifieme façon, parce qu'ayant été donnée fans intervalle, elle auroit rendu la terre extrêmement meuble; il garantiroit mieux le fumier des rayons brûlans du foleil; & les pores de la terre, affaiffée par fon poids, ne laifferoient entrer de chaleur qu'autant qu'il en faudroit pour le faire fermenter. Pour les autres ter-

res qui ne feroient point fumées, il
fuffiroit de les entretenir en bon état,
au moyen de la herfe, jufqu'à la derniere façon; elle fera périr les mauvaifes herbes, en les déracinant à mefure qu'elles croîtront. Je ne faurois
trop recommander l'ufage de cet inf-
trument; je plains les colons qui l'i-
gnorent. Il me femble même que l'on
ne connoît pas affez fes avantages,
dans les pays où l'on s'en fert le plus.
On fe contente fouvent, pour difpofer le guéret d'hiver au fecond labour,
de lui donner une feule façon de herfe
au lieu de trois, & l'on croit en ga-
gner deux; mais que l'on fe trompe
à tous égards! La croûte n'étant qu'é-
gratignée, conferve fa roideur contre
le coutre, qui, l'ébourrant plutôt
qu'il ne la tranche, appefantit extrêmement la charrue pour faire un fillon
brut & mal renverfé. Au contraire,
quand la fuperficie eft bien réduite
par deux ou trois façons de herfe, le
coutre ne trouvant vers fa pointe
qu'autant de réfiftance qu'il lui en faut
pour fe foutenir, en oppofe beaucoup
moins à la tire; la charrue va plus ron-
dement, & le fillon, comme nous

l'avons vu, est très-bien conditionné.
Je suppose que la herse embrasse la valeur de sept sillons de terrein ; celui
qui le hersera une fois, en aura huit à
labourer, en comptant une brisée de
herse pour un sillon de charrue ; celui
qui le hersera deux fois, en aura neuf ;
& celui qui le hersera trois fois, en
aura dix. Je demande, à présent, si ce
dernier ne fera pas à son aise dix sillons contre neuf ; & le second, neuf
contre huit, à la même entrure ? Celui
des dix finira à coup sûr le premier.
Si ses chevaux ont plus fatigué à la
herse, ils s'en dédommageront bien à
la charrue, regagnant avec usure, par
la facilité, la peine & le tems qu'ils
auront perdus, ou plutôt employés à
vaincre la difficulté. D'ailleurs, quelle
différence d'ouvrage ! Le sien aura pré-
cipité les herbes dans le fond de la
raie, pour ne reparoître jamais ; & les
autres, & sur-tout le premier, n'auront
fait qu'un mélange informe de grosses
mottes & de racines, plus difficiles à
réduire & à nétoyer, après cette mauvaise façon, que ne l'étoit la terre auparavant. On épargne encore, quelquefois mal à propos, une façon de

herse

herfe dans les enfemencemens des
mars. On ne fauroit trop divifer la fuperficie d'un guéret à emblaver après
l'hiver. N'ayant que la moitié du tems
dans une faifon moins rebattante pour
s'affaiffer, on ne doit pas craindre qu'il
devienne trop dur. Si un acadeau fur-
prend la derniere façon, on en rendra une autre; s'il ne tombe que quand
le grain commencera à germer, il n'y
fera point grand mal, parce que la
terre, déja affez raffife & affez feche,
boira cette pluie, c'eft-à-dire, la fera
paffer par fes pores, fans relâcher fen-
fiblement la cohérence de fes parties.
Car pourquoi l'eau rebat-elle un labour frais ? C'eft que ce labour plus
poreux, par une divifion actuelle,
étant déja pénétré d'humidité, fe laiffe
emboire tout d'un coup du peu d'eau
qu'il peut recevoir ; & fes parties, en
défordre, n'ayant point encore pris
d'affiette fixe, cedent au poids de
l'eau, qui les précipite avec elle dans
leurs interftices : l'eau fe filtre & s'é-
vapore, & ce labour refte dans l'af-
faiffement. Enfin cette divifion eft
d'autant plus néceffaire, que les menus, ayant moins de tems à croître

K

que les grands bleds, ont befoin de
profiter promptement de tous les
avantages poffibles, pour parvenir
avec vigueur à leur maturité ; &
comme la herfe feule peut les leur
procurer, il ne faut pas en épargner
les façons.

CHAPITRE X.

*De la derniere façon de charrue pour les
grands bleds.*

CETTE façon, qui eft la troifieme
pour les terres non fumées, & la quatrieme pour les terres fumées, fe
donne à la fin d'août, à la charrue à
coutre. Si la terre, comme il arrive
dans les années pluvieufes, étoit herbée, faute de herfage (car on fent
bien que l'on ne peut pas herfer par
des tems de pluie ; les chevaux mafti-
queroient la terre avec les pieds ; &
d'ailleurs, les herbes ne périroient
point dans la boue); mais fi la terre
eft nette, le binoir y conviendra
mieux. Il ne faudroit pas redouter un

tems un peu humide pour labourer :
il s'y élevera alors des petites mottes ;
mais qu'on se donne bien de garde de
les écraser, comme aux façons anté-
rieures, sur-tout si ce labour à demeure est fait à plat dans une terre
en pente & légere. Cette pratique,
sans doute, révoltera beaucoup d'a-
griculteurs, puisqu'il est démontré,
dans cet ouvrage même, que plus la
terre est réduite, plus elle est fertile.
Cela est incontestable. Mais n'est-il pas
démontré aussi, que les terres ont plus
ou moins de sels, suivant leur nature
& leurs améliorations ? Or, par cette
extrême division de molécules, une
terre médiocre, qui ne contient de
sels qu'autant qu'il lui en faut pour
nourrir une plante toute l'année, va
les lui prodiguer tout d'un coup, par
la trop grande communication de ses
pores. Cette plante deviendra luxu-
rieuse, & soutiendra sa vigueur jusqu'au mois d'avril, comme on peut
le remarquer dans les sables ; mais au
tems de la végétation, la terre épui-
sée la sévrera & la laissera périr d'ina-
nition. Une autre raison : la terre se
resserre par la gelée, s'enfle par le

dégel, & souleve la plante : à mesure
que les eaux du dégel s'écoulent, la
terre s'affaisse & se remet à son ancien
niveau ; mais la plante, plus légere
par sa nature, ne se renterre point ;
ses racines restent à découvert ; la
pluie ensuite les lave & emporte le
peu de terre qui leur restoit ; de sorte
que ne tirant plus que très-peu de
nourriture par les bouts de ses su-
çoirs, elle tombe & ne fait plus que
languir. Au contraire, lorsqu'il y a des
mottes, leur division, qui se fait aussi
par la gelée & la pluie, rechauffe la
plante, lui insinue de nouveaux sels,
qui étoient, pour ainsi dire, en ré-
serve. Dans le mois d'avril, on y
fera passer l'émottoir : n'y restât-il
plus de mottes, il ébranlera toujours
un peu la plante, & cette petite se-
cousse donne ouverture à l'air, qui
pénetre ses racines & la réveille.
Cette espece de régime, ou plutôt d'é-
conomie, que la plante observera jusqu'au tems de la végétation, loin de
nuire à son tempérament, le rendra
plus robuste, en retardant à propos
son accroissement, qu'une profusion
de nourriture prodiguée hors de sai-

son, pourroit prématurer & forcer, comme il arrive dans les terres légeres, maigres & sablonneufes. Ce dernier labour n'ayant pas été profond, n'a pu former des mottes que fur la fuperficie. Le bled femé entre ces mottes, étendra facilement fes racines dans la fuperficie bien divifée, jufqu'à la moitié des labours antérieurs ; l'autre moitié de ces labours, plus raffife, repouffera le bout des racines, & les fera tracer, comme nous avons dit, dans la fuperficie plus divifée, & elles profiteront par-là de tous les bénéfices que l'air & la terre puiffent leur procurer.

CHAPITRE XI.

Des enfemencemens.

On enfemence ordinairement la côtaifon des grands bleds, depuis la Nativité jufqu'à la Touffaints ; en certains pays dans ce premiermois, en d'autres dans le fecond ; les climats & la fituation du terrein font par-tous la regle. Mais en quelque tems que l'on ſeme, l'on doit toujours commencer par les terres les plus froides, afin que la plante qui s'y développe plus lentement, puiſſe encore profiter d'un reſte de chaleur, pour ſe fortifier contre les rigueurs de l'hiver, plus exceſſives dans les terres froides que dans les chaudes : la raiſon s'en fait ſentir elle-même. Si donc le guéret ſe trouve en bon état, on pourra hardiment ſemer ſur les raies de la charrue à coutre & même du binoir, en éboulant les ſommets des ſillons avec une herſe ébréchée, à laquelle on aura ôté quelques dents par ci, par là, parce que ſi l'on y faiſoit paſſer la herſe armée de toutes pieces, elle uniroit la ſuperficie, & le bled ne s'enterreroit pas ſi bien après : ſi elle n'y paſſoit point du tout, il ſeroit trop enterré & trop ramaſſé entre les ſillons. Mais cette herſe édentée, ébourant groſſiérement le ſommet des ſillons, forme un nombre infini de petites cellules pour recevoir la ſemence, que l'on couvre enſuite par deux tours de herſe en plein & croiſés, ſuivant la ſituation de la terre.

Par ce moyen, la femence fe trouve
bien enterrée & bien éparpillée. Voici
une autre pratique qui eft fouvent la
meilleure, & toujours la plus fûre,
pour les terres légeres & plates. Vous
donnez un tour de herfe à travers les
raies de l'une ou de l'autre charrue,
vous y répandez votre femence,
vous la couvrez légérement au binoir, & vous la herferez enfuite une
fois à travers les fillons, avec une
herfe dont les dents feront un peu
émouffées, pour mieux éparpiller la
femence que l'opération de la charrue, dans une terre réduite, fait couler avec la fuperficie au fond de la
raie, dans une moindre largeur que
la furface du fillon qui la couvre. Si
les circonftances permettoient toujours de fuivre une bonne méthode,
je ferois efclave de celle-là ; mais elle
a finguliérement contre elle le mauvais tems. Il eft contraire auffi à la
même opération différemment faite
par d'autres inftrumens, mais beaucoup moins que quand elle eft faite
par le binoir. Cette charrue foulant
la terre de fon gros fcep, la corroie
par la pluie ; & fi malheureufement

Cette pluie survient confidérable, elle rebat l'ouvrage au point qu'on eſt obligé, au lieu de ſe ſervir de la herſe émouſſée, de la faire mordre à pleines dents bien aiguiſées ou ferrées, pour refaire du guéret. Encore ne ſeroit-ce qu'un petit mal, ſi l'on pouvoit faire cette réparation par un beau tems : mais il ſeroit très-grand, ſi le mauvais tems continuoit juſqu'à ce que le bled fût germé ; il n'y auroit plus moyen d'y toucher avant l'hiver. Tout ce que l'on pourroit faire, ce ſeroit de r'ouvrir la terre après, comme l'on verra à la culture des avoines. A ces inconvéniens là près, je tiens cette pratique pour la meilleure ; elle a éminemment tous les avantages expliqués au chapitre VIII, où il en eſt queſtion ; en outre, celui de faire lever la ſemence plutôt & tout-à-la fois, dans la plus grande ſéchereſſe. Si l'on fait attention que plus une terre a de conſiſtance, plus elle reçoit immédiatement l'humide eſſentiel de ſa maſſe univerſelle, on conviendra que la terre foulée à trois pouces par le binoir, conſervera mieux ſon humidité que ſi elle reſtoit divifée.

divisée. La semence renversée immédiatement dessus, en recevra une fraîcheur qui la fera lever toute à la fois, & plutôt que dans la poussiere.

Pour que le bled soit semé au gré de la nature, il doit, à mon avis, être déposé entre deux terres à la hauteur de ses racines, sur une couche de labour déja rassise, & couverte de la superficie bien divisée. En faisant remarquer les inconvéniens du binoir pour ensemencer les terres légeres, j'entends parler de terres franches & seches par leur nature ou leur situation, & non des sables, ni des terres chaudes, comme les crayeuses, les marneuses, &c. ni d'aucunes autres qui participent de leur nature, & qui veulent être façonnées par des tems humides. Il est même une espece de celles là que l'on nomme terres-fortes, qu'on ne peut semer trop molles. Il paroît d'abord étrange que cette terre si légere dans sa superficie, soit si compacte au-dessous : mais on n'en sera plus étonné, quand on fera attention que cette terre n'est qu'une marne grasse, devenue telle par l'humidité, & terréfiée par les ingrédiens de l'athmofphere, que les chymiftes appellent fels. Ces fels font des fubf- tances différemment actives, qui ont la vertu, les uns, de faire végeter certains corps ; les autres, d'en défu- nir d'autres au moyen de quelque vé- hicule, &c. Il eft donc naturel que cette marne terreufe, expofée au grand air, fe réduife en pouffiere à mefure que l'humidité qui la rend tenace s'é- vapore, puifque la marne, dans fon principe, eft fans liaifon. Il eft encore auffi naturel que cette pouffiere étant un amas immenfe de petits globules incohérens, abforbe les rayons du foleil, en les réfléchiffant par tant de furfaces détournées, & empêche par fa folution de continuité (comme ils difent), la chaleur interceptée de pénétrer jufqu'au deffous. Donc le deffus étant pulvérifé, le deffous doìt être compact, puifqu'il refte humide. Il n'eft pas furprenant non plus qu'il faille femer cette terre après la pluie, parce que fes parties détachées de leur maffe par la féchereffe, n'ayant aucune fraîcheur, ne pourroient pas en communiquer au grain pour le ra- mollir & le faire germer. Il faut donc qu'elles foient molles elles-mêmes, pour lui infinuer de l'humidité. Les particules de l'argille, au contraire, fe refoulant fur la maffe avec laquelle elles faifoient corps, s'y reconfo-lident, & en reçoivent, par une continuité de parties plus immédiates, l'humidité qu'elles communiquent au grain. Il n'eft donc pas néceffaire de femer la terre argilleufe dans la molleffe, pour faire bien lever le bled : il feroit au contraire très-dangereux ; car cette terre coriace remuée en boue, venant à fe deffécher, loin de fe divifer comme l'autre, fe racorni-roit, & comprimeroit le grain au point d'en arrêter le développement.

Le binoir convient donc à plus forte raifon dans les terres légeres, chaudes, quelque tems qu'il faffe ; il eft préférable fur-tout dans la terre forte, qu'il faut défoncer pour réduire & étoffer un guéret, dont le deffous humide fe raffeie toujours affez.

Aucune charrue ne peut être comparée au binoir pour éfondrer une terre forte ; la charrue même à coutre, que je donne pour la meilleure, ne le vaut pas. Cette terre opaque agace

& rouille les fers, & s'attache sur-
tout au coutre, qui ne faisant plus que
bourrer, empêche le soc de pénétrer.
Le binoir présentant à cette terre un
soc plus large & plus plat, l'enfonce,
& soutient d'autant mieux son entrure, que la terre qui l'appuie au-
dessus est plus roide, & qu'elle pese
sur un fer d'une plus grande surface.
Malgré tous les avantages du binoir,
je ne conseillerois pourtant point
d'en faire usage dans des terres
franches en pente, parce qu'elle réduit trop les mottes. Il faut pratiquer,
pour le savoir.

Si les terres à ensemencer étoient
herbées, pour lors il faudroit, comme
j'ai dit, leur donner une petite façon
de charrue à tourne-oreille, semer
dessus, & couvrir le bled d'un petit
tour de herse à reculons, parce
qu'autrement elle rameneroit les
herbes sur la superficie. Cette derniere façon est le pis-aller.

Voilà bien, comme l'on voit,
des façons de charrue, gagnées au
moyen de la herse. Cela est vrai,
diront les laboureurs qui, faute de
connoissance, ou par préjugé de rou-

tîne, n'en font pas usage ; mais nos terres aquatiques & froides ne font point labourables à plat ; les eaux ne pouvant s'y filtrer, ni s'y écouler, noieroient nos bleds : ainsi tous ces avantages là ne peuvent nous être d'aucune utilité.

Je leur répondrai à cela, qu'il est plus d'un moyen d'évacuer les terres, sans être obligé de semer en sillons, par des fossés, & de profondes raies de binoir (1) tirées de quinze à vingt pieds plus ou moins les unes des autres, en serpentant, qui s'iront décharger dans les fossés par les pentes les plus douces. Je dis, en serpentant, parce que si l'on tiroit des raies droites, les torrens causés par les

____

(1) Comme le binoir, en jettant la terre des deux côtés, forme des rebords aux raies qui empêcheroient l'eau de s'y décharger, il faut, à la hauteur de cette raie, cheviller, dans les oreilles du binoir, deux petites barres de bois plattes, rasant immédiatement la superficie de la terre sur leur côté saillant de six à sept pouces. Au moyen de ces petites curettes, on rabottera ces bords, & l'eau viendra sans obstacle tomber dans la raie de tous côtés.

orages, creuferoient des ravins qui abîmeroient la terre. Si, nonobftant ces raies tortueufes, l'impétuofité des eaux fauvages rompant leurs replis, faifoient quelques ravages, il faudroit y remédier avec de la paille de pois, qui eft la moins précieufe, ou d'autre, faute de celle là, & des piquets; faire des petits batardeaux le long de la gironde, & y rapporter la même quantité de terre emportée par les irruptions. Je dis, en pente douce, parce que fi la pente étoit trop roide, elle donneroit aux eaux un poids qui en augmenteroit la rapidité & le dommage. Ainfi, puifque par ces rigoles on peut évacuer les terres même les plus plates, je confeille de labourer à plat : outre la commodité de mieux & plus commodément labourer la terre, on y recueillera plus de bled, & il en fera plus beau. Tous ces grains maigres que vous voyez dans la main, ne produifent que dans les raies entre les fillons.

Souvent la terre ne retient l'eau que parce qu'on la laboure trop fuperficiellement. Les chevaux, à force de fouler toujours le même plan au

.deſſous d'un guéret de trois à quatre pouces, font avec les pieds une croûte auſſi impénétrable qu'une nappe de plomb. Si la terre eſt bonne, eſt-il pardonnable de l'égratigner ainſi ? Mais ſi le fond ne vaut rien, il faudra donc le ramener par-deſſus ? Non. Il y a un moyen ſimple de rompre cette croûte ſans la mêler avec le guéret. Il ne s'agit que de reſſerrer les oreilles du binoir à l'épaiſſeur du ſcep, & de piquer huit à neuf pouces & plus s'il eſt à propos ; le ſoc briſera la croûte au-deſſous du guéret, & les oreilles ne feront que l'écarter, pour donner ſeulement paſſage à la roue. Au moyen de cette opération extraordinaire, répétée de tems en tems une fois, comme de trois en trois ans, l'eau prendra ſon cours par deſſous le guéret, ſans qu'il ſoit néceſſaire de le mettre en ſillons.

Un auteur moderne, celui de tous les cultivateurs qui s'éloigne le moins de la pratique, fait aſſez voir les défauts & les inconvéniens des ſillons. Ce qu'il y a de vrai, c'eſt qu'ils ſont devenus, par la négligence des laboureurs, contraires à la fin même pour laquelle ils font deſtinés. Les raies qui les hauſſent & les ſéparent, ne ſont pas plus faites pour en ſoutirer l'eau que pour en purger la piece. Cependant elle y croupit tout l'hiver, parce que cette négligence eſt auſſi de la mode. A peine voit-on quelques ſaignées aux décharges où l'eau ſubmergeroit les ſillons; ailleurs, où elle ne les déborde pas, on la laiſſe avec ſécurité. Si l'on ſavoit faire attention combien l'eau, l'hiver, amortit les ſels de la terre & la refroidit, on ne manqueroit jamais de croiſer quelques ſillons par intervalles, en les défonçant davantage dans les endroits où ſe releve la ſuperficie, ſoit en rendant de l'entrure à la charrue, ſoit en les approfondiſſant à la pele; on auroit cette précaution non ſeulement pour les terres enſemencées, mais encore pour la premiere façon des guérets, donnée avant l'hiver. Cette façon ſeroit la ſeule qu'il conviendroit de mettre en ſillons, ou petites planches, à la charrue, en y faiſant les écoulemens néceſſaires, ſi la charrue remuoit toute la terre qu'elle couvre.

Il est certain que l'air environnant le
sillon par plus de faces, auroit plus de
prise pour le travailler ; mais cet
avantage, tout considérable qu'il soit,
ne compense pas le défaut d'un labour qui n'est qu'à moitié fait. La
charrue leve, en allant, un sillon, le
couche de toute sa largeur sur la terre
non labourée ; elle en coupe, en revenant, un pareil de l'autre côté, que
la même oreille renverse auprès du
premier, de maniere que le dessous de
ces deux sillons reste sans être labouré
du tout, & qu'il est d'autant plus impénétrable à l'air, que n'étant point re-
mué, il est encore couvert de ces deux
sillons. Il est vrai qu'ils étouffent l'herbe,
mais ce n'est pas assez, il faut du guéret. Le binoir est donc la seule charrue
propre pour cette façon, dans toutes
sortes de terres sans exception ; mais
pour les ensemencemens des terres
aquatiques, ils doivent être absolu-
ment faits en planches bombées plus
ou moins grandes, suivant le terrein,
non pas parce qu'elles augmentent la
superficie, mais parce qu'elles n'y
laissent pas une goutte d'eau, toute

plate qu'elle foit, lorfqu'elles font bien faites.

L'augmentation de la fuperficie par des finuofités n'aggrandit pas un terrein, relativement à la végétation.

Une plante quelconque produit dans une direction perpendiculaire au plan fur lequel elle s'éleve (*fig.* 12); & comme il ne peut paffer plus de perpendiculaires par la diagonale & par le demi-cercle, qu'il peut y en avoir fur la bafe & fur le diametre, un plan incliné ne peut contenir plus de plantes que fa bafe ou fon niveau (1), ni un demi-cercle plus que fon diametre. Soit la figure *A*, dont le fommet *bcd* eft un demi-cercle, & le plan *bdfe* un quarré. Vous voyez que toutes les perpendiculaires qui s'élevent de la bafe *ef*, du quarré *bdfe*, paffent par la diagonale *bf*, par fon niveau *bd*, diametre du demi-cercle

―――――――――――

(1) Il faut fuppofer ici le niveau artificiel, parce que l'inclinaifon circulaire du niveau naturel, dont il s'agit, eft infenfible dans la plus grande piece de terre labourable.

b c d, & par le demi - cercle *b c d*. Couvrez cette bafe de perpendiculaires, toute la figure *A* en fera couverte : donc il n'y aura pas plus de points ou de plantes fur l'inclinaifon ou diagonale *b f*, que fur le niveau *b d*, égal à fa bafe *e f*; & comme ce niveau eft le diametre du demi-cercle *b c d*, ce demi-cercle n'en contiendra point davantage non plus, parce que les plantes ne fe prêteront pas plus que ces lignes à la direction circulaire ni diagonale. Les plantes y auroient, à la vérité, plus d'air, parce que ce fluide remplit un efpace en tout fens, & qu'il y a plus d'efpace fur le demi-cercle *b c d* & la diagonale *b f* pris enfemble, que fur le double de la ligne *b d*, diametre du demi-cercle, & niveau de la diagonale. Mais le grand avantage des planches bombées eft d'évacuer les eaux.

On peut commodément faire ces planches avec la charrue à tourne-oreille ; mais, comme il faut fouvent changer l'entrure, & que le coin retarderoit trop à defferrer & à refrapper, il faut enchâffer, derriere le rayon, fans altérer fes dimenfions,

une lame de fer cochée dans son épaisseur en forme de crémaillere, & un
petit loquet mobile, attaché sur le
manche par un clou à-vis, & arrêté
en-dessus auprès du rayon, par un
crampon qui ne lui laissera de jeu
qu'autant qu'il lui en faudra pour glis-
ser sur la perche, & laisser au rayon la
liberté de se hausser ou baisser au besoin ; lequel loquet, au moyen d'un
coup de pouce, s'engrene dans le
cran qui réglera le point d'entrure.
Quant au coutre, on peut le fixer en
le remontant & en le descendant si-
tôt, au moyen d'une corroie à boucle
attachée aux deux bouts de la petite
chaînette qui le soutient.

Les planches ne sont pas non plus
sans quelques petits inconvéniens.
L'eau altere la terre dans les raies ;
d'ailleurs elles ne sont point si commodes à labourer. Si l'on ne donne
qu'une façon pour les mars, on ne
peut pas les croiser, à cause des sommets qui occasionneroient des entrures différemment extrêmes, tant
pour la charrue que pour la herse. Si
l'on en donne deux, il faudra pourtant croiser la premiere au binoir.

parce qu'en la donnant avant l'hiver,
il faut y laisser les écoulemens. Mais
par la seconde façon, il faudra dissou-
dre les sommets des planches, en faisant les addos dans les raies, afin de
remettre la terre de niveau.

Le labourage à plat est plus naturel
& moins embarrassant. On le façonne
en tout sens, à volonté. Si la terre est
trop plate, on rehausse le milieu par des
addos répétés sur les mêmes points;
car si on les croisoit, ils formeroient
des bassins où l'eau séjourneroit. Il
convient de labourer ainsi les terres
renfermées de haies, pour arracher
les racines rampantes que la charrue
feroit tracer encore davantage, en les
recouvrant du premier sillon. Si le
milieu de la piece ne permettoit pas
un addos bombé, il faudroit y en faire
un plat; c'est-à-dire, qu'au lieu de
pousser une raie sur l'autre, il ne faudroit que les renverser l'une auprès de
l'autre; il vaut mieux encore priver le
dessous d'une façon, que de gâter la terre. Il faut aussi reprendre les cheintres
qui restent à labourer aux deux bouts
de la piece, en jettant les sillons en
dedans. Cependant, quand j'engage à

labourer à plat, j'entends parler des
terres seches, & non des fonds aquatiques & froids, dont on ne doit labourer à plat que les premieres façons. La derniere à demeure doit être
abfolument mife en planches bombées.

Les laboureurs des pays où on laboure à plat, ne font pas plus excu-
fables de ne pas femer ces fonds en
planches, que les laboureurs des pays
où on laboure en fillons ou planches
ne le font, de ne pas femer leurs terres
élevées à plat. Cependant les uns &
les autres labourent tous, fans diftinction, à la mode de leurs pays, parce
que c'eft la mode. Cette contradiction
entre les laboureurs étrangers, dé-
note combien les préjugés de la routine ont toujours été funeftes aux progrès de l'agriculture. Si je parvenois,
à force de les combattre, à les chaf-
fer, du moins de nos champs, qu'ils
font languir, je pourrois me flatter d'a-
voir rendu un grand fervice à ma
patrie.

CHAPITRE XII.

Des fourrages graineux femés avant l'hiver.

AVANT que de paffer aux mars, di-fons quelque chofe des fourrages grai-neux que l'on feme avant l'hiver, ainfi que le froment ; les enfemencemens ouvrent même ordinairement par-là ; ces fourrages font la lentille & l'hi-vernage, qui eft un mêlange de feigle & de vefce ; la vefce & les pois d'hi-ver, auxquels on peut ajouter l'avoine d'hiver, &c.

Auffi-tôt la moiffon finie, fi les gué-rets ne font pas arriérés, on donnera une façon fuperficielle à une terre dont on vient de recueillir le bled. (Le lecteur voit bien que ces fourra-ges étant des menus, doivent fe femer fur les terres deftinées aux mars.) Après donc qu'elle fera ainfi pelée, on l'émottera; & lorfqu'elle fera raf-fife, on y établira la charrue à tourne-oreille, à laquelle on donnera un peu moins d'entrure qu'à la feconde façon

pour les grands bleds, & l'on femera ces fourrages fur les raies; enfuite on les couvrira par deux façons de herfe en fon fens propre. Mais fi l'on n'avoit point le tems de donner une premiere façon de binoir, on fent bien qu'il faudroit alors réduire la façon plus motteufe de la charrue par un couple de tours de herfe, avant que d'y jetter la femence, & la couvrir par deux autres après. Si l'on fait attention que ces terres portent cinq à fix mois de plus que celles qui feront enfemencées après l'hiver, on ne choifira pas les plus mauvaifes. La lentille femble préférer une terre rougeâtre à toute autre. Je ne connois pas trop bien la caufe de cette analogie. Si je donne pour raifon que la lentille, étant une graine extrêmement humide & pefante, aime une terre fpongieufe & légere, parce que cette terre eft moins froide, les pois & les feves, qui font à peu près de la même nature, & qui s'accommodent auffi bien, même mieux, d'autre terre, ne prouveront pas pour moi. Au refte, il fuffit que nous fachions, nous autres laboureurs, ce que demandent nos terres; les phy-
ficiens

ſciens de profeſſion chercheront le
pourquoi.

CHAPITRE XIII.

Des mars ou menus.

APRÈS donc que l'on aura fini les
enſemencemens des grands bleds &
des fourrages graineux, on établira,
comme nous avons dit, le binoir ſur
les chaumes des mars ou menus, pour
préparer la terre au bled prochain;
enſuite, ſi l'on a du tems de reſte, on
donnera la même façon aux chaumes
des bleds que l'on vient de cueillir,
pour y mettre des menus après l'hiver; il ne faut pas que le laboureur
appréhende de travailler dans une
terre un peu molle, pourvu que les
chevaux puiſſent s'en tirer. L'ouvrage
fait avant l'hiver dans la boue, vaut
mieux que le même ouvrage fait après
dans la pouſſiere. Les mottes s'élabo-
rent & ſe mûriſſent par la gelée, le
vent, &c. Mais les guérets poudreux,
faits hors de ſaiſon, n'ont ſeulement

pas affez de tems pour étouffer les herbes & les racines qu'ils couvrent.

Qu'on n'aille pourtant pas s'imaginer qu'il en foit de même pour les labours qui fe font après l'hiver dans la bonne faifon; il faut fe donner bien de garde d'aller faire du mortier avec les pieds des chevaux; cette boue venant à fe racornir aux premiers rayons du fo-leil, y feroit enfuite impénétrable, ainfi qu'aux influences de l'air : alors la terre reftant froide & inerte, faute d'action, ne donneroit qu'une miférable récolte. Il faut laiffer les chevaux à l'écurie par le mauvais tems; ils fe repofent pour mieux travailler; les harnois ne fe pourriffent point, & l'on ne gâte pas la terre.

Si le lecteur a trouvé bonne la diftinction d'entrure, que j'ai faite plus haut pour le premier labour fur les chaumes des menus à femer en grands bleds, il a jugé d'avance que je préférerois ici la façon fuperficielle à la profonde, quoique la terre ne fût couverte que de chaume fans herbes. Il importe plus de bien enterrer ce chaume, que de faire beaucoup de guérets, à caufe des bénéfices de l'hiver ; il suffit que la superficie en profite, & qu'elle soit bien divisée après. Or, j'ai prouvé que moins on entroit une charrue, mieux elle renversoit la terre ; par conséquent, le chaume, mieux enterré par un labour superficiel que par un profond, sera plutôt pourri, & servira à propos d'engrais à une terre qui vient de produire.

CHAPITRE XIV.

Des feves, pois, lentilles, avoines, &c.

Aussi-tôt qu'il fera bon à travailler à la culture des mars, on commencera par la herse, que l'on fera passer une fois tout de suite sur les terres qui auront été labourées au binoir, afin que le soleil ait plus de prise sur le guéret. Si le tems se soutient au beau, on recommencera la même opération à travers. Si la herse pénetre bien, on s'en tiendra là. Comme la derniere façon de la herse doit toujours être croisée par la charrue, c'eſt au laboureur à diriger la première ou la ſeconde, en conſéquence; que ce travail n'ennuie pas, on ne perd jamais ſon tems à la herſe.

Cette façon finie, vous choiſirez une des meilleures terres, pour y mettre des feves, que vous ſemerez ſur ce herſage, après que vous aurez écraſé les mottes, ſoit qu'il ſoit gazonneux ou non. Une moyenne enfrure de charrue, que vous donnerez à médiocres ſillons, renverſera toute la ſuperficie au fond de la raie avec les feves, & les couvrira d'une terre fraîche & nette, qui étouffera les racines & herbes étrangeres, au profit des feves. Ne craignez point qu'étant un peu enterrées, elles ne levent pas; leur germe vigoureux & élaſtique demande une réſiſtance proportionnée à ſes forces. Il ſeroit à ſouhaiter que l'on pût enterrer de même les pois, veſce & lentille, &c. les pigeons n'en feroient pas de ſi grands ravages. Malgré les défenſes de la loi, & la vigilance des laboureurs, ils ne laiſſent pas de faire beaucoup de tort où ils tombent; non ſeulement ils mangent le grain qu'ils trouvent à découvert,

mais encore celui qui eſt couvert, &
même déja germé ſous la terre, en la
grattant avec leurs pattes & leur bec.
Vos feves donc étant ainſi couvertes,
vous leur donnerez encore un tour
léger de herſe, pour ouvrir & applan-
nir la ſuperficie, & vous pouvez en
attendre une bonne récolte.

Pour les pois, lentille & veſce, il
faut piquer la terre un peu plus fort,
afin de pouvoir la herſer à pleine herſe, après avoir éboulé les ſillons avec
la herſe ébréchée, pour diſperſer la
ſemence.

L'orge de mars ſe cultive de même;
mais il veut une bonne terre ou du
fumier; ſes racines dénotent un tempérament qui diſſipe beaucoup.

Je n'ai point parlé, dans la culture
des grands bleds, de l'orge quarré;
on n'en ſeme guere que dans les pays
à biere. Il ſe cultive comme le froment, mais il demande beaucoup plus
de fumier.

S'il étoit reſté quelques pieces de
chaumes de bleds qu'on n'eût pu labourer avant l'hiver au binoir, on les
deſtinera pour y mettre de l'avoine;
& comme les chaumes ſont toujours

plus & plutôt fecs que les guérets,
on commenceroit par là. Il eſt inté-
reſſant de femer l'avoine de bonne
heure ; elle en eſt meilleure, du moins
en grain. Plus une plante met de tems
à croître, plus ſa ſubſtance eſt ſolide ;
c'eſt pourquoi la graine des plantes
qui ont paſſé l'hiver en terre, eſt d'une
qualité ſupérieure à celle des plantes
qui ſont ſemées après. Il faut herſer la
terre une fois, avant que de l'enſemencer en avoine, & deux fois après.
Si cette terre avoit été façonnée au
binoir, une fois avant & une fois après
ſuffiroient. Le plus & le moins dépendent des circonſtances auxquelles le
laboureur doit obéir.

Si, immédiatement après l'enſe-
mencement, il ſurvenoit quelques
groſſes pluies qui rebattiſſent la terre
emblavée d'avoine, il ne faudroit
point balancer à y enfoncer la herſe
à dents de fer, ou à dents de bois
férées, l'avoine fût-elle germée,
pour lui rendre le guéret & l'air ; faute
de quoi elle pourriroit. Lorſque l'a-
voine eſt bien levée, & qu'elle commence à avoir deux feuilles, il faut
l'émotter & la herſer prudemment

avec l'une ou l'autre herſe, ſuivant que la terre eſt plus ou moins affaiſ-fée. Si elle étoit bien dure, il vaudroit mieux donner tout doucement deux petits tours de herſe ferrée qu'un, de crainte qu'une façon forcée ne déchirât trop. Le premier ciſeleroit la croûte, & le ſecond la réduiroit plus facilement, & renouvelleroit un bon guéret. Il faut, pour bien faire, que le tems ne ſoit ni trop ſec ni trop pluvieux. La ſéchereſſe faneroit la plante dont la racine ſeroit découverte; & les grandes pluies, bouchant les pores de la terre, lui intercepteroient l'air, & la comprimeroient. On pourroit la rouler tout doucement pour la ſéchereſſe; mais pour une battue, il ſeroit peut-être plus dangereux encore de la r'ouvrir, que de la laiſſer aſſappée, ſur-tout ſi le mauvais tems en empêchoit immédiatement l'opération : car les racines de l'avoine détachées de leur place, n'étant pas encore bien repriſes, eſſuieroient un ſecond dérangement, qui incommoderoit au moins beaucoup la végétation. Comme l'opération de la herſe, en rendant une nouvelle nour-

riture à l'avoine qu'elle rechauffe, lui
redonne une vigueur d'accroiſſement
qui retarde ſa maturité; ſi elle avoit
été ſemée un peu tard, il faudroit la
herſer auſſi-tôt que le pédicule du
germe commence à ſe patter. Alors
les petites racines, prenant d'abord
leur place à demeure dans une ſuperficie diviſée de tous côtés, croiſſent
plus vîte, nourriſſent plutôt la plante
avec ſuffiſance & ſans interruption.
Il eſt donc tout naturel que l'avoine
herſée, talle ou drageonne davantage,
& devienne plus haute. On doit cette
découverte, ſi l'on en croit l'hiſtoire
vulgaire, à la malice d'un laboureur,
qui, pour ſe venger de ſon voiſin,
s'en alla par une belle nuit, au clair
de la lune, herſer l'avoine de ſon en-
nemi; mais loin de la lui faucher,
comme il le penſoit, il lui en fit faire
une ſi prodigieuſe récolte, que ſes
confreres ne manquerent pas de l'imi-
ter, à meilleure intention. Pour moi,
je crois que c'eſt la pluie qui en a fait
venir la premiere idée. Quoi qu'il en
ſoit, cette pratique a toujours été ſui-
vie du ſuccès, lorſque l'on en a fait
uſage dans un tems favorable, & qu'on
en

en a donné la commiffion à un laboureur intelligent. Aucune opération de
l'agriculture, que je fache, ne demande plus d'attention & de circonf-
pection que celle là : auffi un maître
prudent a-t-il foin d'en charger un
laboureur fûr. On voit bien comment
il faudroit s'y prendre pour les bleds
demeurés, dont j'ai parlé ci-devant,
fi l'on juge à propos d'en rifquer l'o-
pération, plutôt que de labourer la
terre pour y mettre des mars. Mais
il faut pour cela que le bled foit refté
affez dru, parce que la herfe arra-
chant toujours quelques brins par ci,
par là, le rendroit trop clair. La
herfe fert donc non feulement à ra-
fraîchir le guéret des plantes, mais
encore à les châtier, lorfqu'elles font
trop épaiffes.

Il ne refte plus à donner à l'avoine,
pour l'abandonner aux foins de la
Providence, que la façon de l'émottoir ; mais il faut attendre qu'elle
couvre bien la terre, & que le tuyau
foit un peu ferme, afin que la fecouffe
ébranle la racine. J'en ai donné la
raifon, en parlant des grands bleds,
plus haut. Il faut répéter cette opéra-

tion plufieurs fois, lorfque la rouille, caufée par le brouillard & le foleil, afflige l'avoine : en faifant tomber chaque fois une partie de cette pouf-fiere rouſſâtre qui l'empoifonne, elle facilitera peu à peu la refpiration & la tranfpiration interceptées de la feuille. Enfin, cette opération fera auffi la derniere pour les fourrages graineux : auffi-tôt qu'ils feront bien levés, on les émottera plutôt que de les rouler, à moins que la fécherefſe en ayant empêché, la plante fût trop haute ; car pour lors l'émottoir arra-cheroit.

CHAPITRE XV.

Du trefle.

QUOIQUE mon but n'ait été que de traiter la culture des terres, j'ai cru devoir dire quelque chofe du trefle qui ne fe cultive point ; il me fournira l'occafion de montrer la ma-niere de femer toutes fortes de graines dans différens enfemencemens. Le laboureur qui avoit coutume de suivre un sillon depuis un bout jusqu'à l'autre, pour répandre sa semence, ne retrouvera plus son chemin dans une terre labourée à plat : je vais le lui retracer, après que j'aurai parlé du trefle.

Ce fourrage se seme, dans le mois d'avril & mai, ou dans les bleds ou dans l'avoine ; car les fourrages graineux l'étoufferoient. Il ne faut pas attendre que le bled soit trop fort, crainte qu'une partie de la graine ne restât dans les aisseles des plantes ; il ne faut pas non plus le semer dans un tems trop pluvieux, de peur que l'eau ruisselant ne l'entraînât. Il faut encore éviter la trop grande séchereffe qui l'empêcheroit de germer Lorsqu'on le seme dans l'avoine, il n'y a aucune précaution à prendre, parce qu'on le seme immédiatement avant ou après le hersage en herbe, & le guéret le garantit de tous ces accidens là. Il dure deux ou trois ans plus ou moins, suivant les hivers qu'il fait, & le terrein où on le met. Loin de le détériorer, il l'améliore ; apparemment que piquant sa longue racine pivotante bien avant au-deſſous du labour, il met la terre neuve à contribution pour ſa nourriture, à la décharge du guéret, auquel ſa racine ſert enſuite de fumier.

Si on laboure le trefle pour y mettre du froment, après que la terre aura été façonnée par les deux charrues à leur tour, comme nous l'avons enſeigné, on la roulera après l'avoir herſée. Le trefle, ainſi que toutes les racines pulpeuſes & pivotantes, rend la terre fort meuble, & le froment ne s'en accommode pas; d'ailleurs les inſectes s'y logeroient, & y cauſeroient beaucoup de dommage. On pourroit encore couvrir la ſemence au binoir pour fouler la terre; mais cela n'empêcheroit pas, ſi elle étoit encore trop légere, de la rouler. Pour l'orge, & ſur-tout l'avoine, elles y viendroient très-bien ſans tant de façons. Ces plantes ayant leurs racines plus molles, & par conſéquent leurs pores ou ſuçoirs plus ouverts que le froment, une légere réſiſtance de la terre ſuffit pour leur en inſinuer la ſubſtance. La réaction doit être proportionnée à l'action,

CHAPITRE XVI.

De l'art de semer.

L'ART de semer, presqu'aussi essentiellement nécessaire que l'art de cultiver, est plus négligé encore que la culture. Dans la plupart des provinces, les semeurs qui, assurément, ne méritent pas cette qualité, parcourent un sillon avec un panier, jettant une poignée de bled à droite, en baissant, & une à gauche en relevant la main; ensuite font un pas, & continuent de même.

Remarquez d'abord que le semeur étant obligé d'aller en même direction que la charrue, il ne peut obéir au vent : s'il l'a en tête, la semence rebroussera contre lui; s'il l'a derriere, elle filera devant lui, & ne couvrira point l'espace qu'il embrasse; s'il l'a aux côtés, une poignée se repliera sur l'autre & y laissera du vuide. Supposons qu'il ne vente pas (le calme est bien rare dans les équinoxes), comment lui sera-t il posfible de garnir également le terrein que la poignée doit couvrir par une feule jettée? D'ailleurs ce femeur s'arrêtant à chaque pas, vacille, n'étant pas appuyé de la force de projectile que le mouvement communique. Il ne faut donc plus s'étonner fi l'on voit par-tout les champs fi mal femés; ce n'eft qu'à force d'en mettre qu'il y en a par-tout. Que l'on calcule le nombre de feptiers employés à double perte, puifque cet excédent pris fur la confommation ou fur le commerce, eft non feulement inutile, mais même préjudiciable à la végétation & aux récoltes; que l'on calcule, dis-je, cette perte, & l'on fera effrayé de la fomme. Apprenons à femer avec économie & avec égalité.

Vous vous fervirez pour femer, d'un grand tablier à épaulieres, comme une cuiraffe, dont la couture qui le lace par derriere defcend depuis la nuque jufqu'au bas de l'omoplate. Sa largeur fera à peu près d'une aune, & fa longueur de deux aulnes & demie. Il faut qu'il foit d'une toile de trente-cinq à trente-fix fols, afin que fa largeur ne rempliffe pas trop la main. Vous y vuiderez, de votre fac, autant de femence que vous jugerez à propos pour votre commodité. Prenez, par exemple, fept à huit livres de trefle à la fois ; cette quantité vous menera loin, puifqu'elle eft plus que fuffifante pour garnir un demi arpent de terrein. Si vous êtes d'une pofition à commencer de la main droite, prenez les deux coins de votre tablier avec les deux mains, pour le laiffer dans une ; vous reprendrez , de l'autre, le milieu qui répond aux deux coins pour l'y joindre ; enfuite vous empoignerez toute la longueur du tablier, de la main vuide, en faifant perdre terre à la femence, & vous la glifferez, ainfi fermée, le long du tablier repliffé, le plus haut que vous pourrez. Celle-ci, à fon tour, relevera la femence, & l'autre reprendra ; ainfi alternativement , jufqu'à ce que la femence foit le plus haut qu'il fe pourra vers la poitrine, afin de ne point trop gêner le diaphragme ou le ventre ; alors vous paffez le tablier une fois autour du bras gauche que vous arrêterez de la main du même côté. La main droite ainfi doublera le reste, qu'elle laissera dans la main gauche couverte, ainsi que le bras, par le rebord du semoir, pour que la main droite, en y revenant puiser la semence, ne s'y accroche pas. A présent, examinez où est le vent. Il doit être perpendiculairement sur la ligne que vous tracez, tout droit dans l'oreille qui est votre girouette, pour vous avertir de l'inconstance du vent; appliquez-vous à le bien connoître, & prenez garde que son changement apparent ne soit l'effet de l'air pressé par un nuage. Les nuages sont fréquens dans les équinoxes, pour lors le vent ne change point; la nuée passée, il se retrouve à son premier point : dans ce cas-là, il faut laisser passer ce tourbillon, pour ne pas devenir le jouet de ses variations. Supposez donc que vous vouliez ensemencer la piece de terre A, & que le vent soit B, vous prenez d'abord une pincée de trefle avec le pouce, l'index & le grand doigt, & vous la répandez à trois ou quatre fois, comme par maniere de prélude, pour garnir l'angle ou le coin des lignes CD (*fig.* 13). Ensuite, vous remonterez la ligne C en jettant votre semence devant vous, en quart de cercle, tout le long du bord C. Retenez bien que la femence doit toujours filer le long de l'index ou premier doigt ; mais qu'elle ne doit commencer à filer, que du bout du bras tendu, qui lui fait faire un quart de cercle, en ramenant la main vers l'épaule dans le tablier (il eft inutile d'avertir que la main droite doit aller en mefure avec la jambe, du même côté qui l'appuie ; il eft impoffible de femer autrement). Auffi-tôt que vous vous appercevrez que la femence atteindra la ligne F, vous abandonnerez la ligne C pour la ligne F que vous remonterez l'efpace d'un pas géométrique, qui fait cinq pieds ou deux enjambées ordinaires, comme de la petite courbe *gh* (1) (c'eft l'intervalle qu'on embraffe communément).

____

(1) La courbe *gh* étant à peu près d'un tiers plus longue que fa tangente ou ligne *hl*, que vous devez garnir par une feule jettée, il faut tripler le pas ; c'eft-à-dire, qu'au lieu de faire deux enjambées de deux pieds fix pouces, il faudra les faire de trois pieds neuf pouces : mais, comme elles feroient forcées, il vaudra mieux, pour la commodité, en faire quatre demies à demi-poi-

Changez actuellement de main, & retournez sur vos pas au point *i*, & au lieu d'un quart de cercle qu'il n'a fallu faire que pour mieux engrainer la rive, déployez le bras autant que vous le pourrez sans effort, & faites faire à votre semence le demi-cercle entier; mais qu'elle ne commence à filer que de la ligne que vous tracez sur le bord C. Lorsque vous remarquerez que la semence touchera la ligne D, vous tournerez comme au point *g*; mais outre les quatre petites enjambées que vous ferez aussi à demi-poignée à la courbe de retour *a t*, vous en ferez encore deux ordinaires, à poignée entiere, dans son prolongement, en ligne droite,

---

gnées. Si les poignées alloient comme les enjambées, au lieu de deux enjambées de trois pieds neuf pouces, qui donneroient deux poignées, il n'y auroit qu'à en faire trois ordinaires de deux pieds six pouces, aux deux tiers de poignée, cela reviendroit au même; mais, comme il y a toujours une des enjambées, blanche, il n'est pas possible de suivre la proportion réciproque des enjambées & des poignées, en nombre impair.

jusqu'au point *f* : vous allez voir tout-
à-l'heure pourquoi (1). Remarquons
le point *f*. Rétrogradez maintenant
de deux dernieres enjambées, en
changeant de main, jusqu'au point
qui est éloigné de la ligne C de cinq
pieds : parcourez, de là, la ligne
tvwxyz&, en vous réglant sur la
ligne C. Mais comme vous serez trop
éloigné de cette ligne pour qu'elle
puisse encore vous guider, en revenant, vous vous ferez suivre par un
porte-jallons qui en piquera un au
point *t*, un autre au point *x*, & un
troisieme au point *h*. Voyez-vous que
ce dernier point est au bout de la petite courbe *gh* de la premiere ligne C ?
Et bien, prolongez-en une autre à la
seconde ligne, semblable à la pre-

---

(1) Il semble que l'on devroit garnir les
bordures perpendiculaires, comme les dia-
gonales à demi-poignée, parce que l'on y
jette deux poignées du même point ; l'une
en allant, & l'autre en venant. Mais,
comme elles sont jettées en sens opposé,
elles ne tombent point sur le même endroit ; il faut donc qu'elles soient entieres :
à plus forte raison pour les côtés des angles
obtus.

miere courbe de l'autre bout *af*, du point & jusqu'au point F. Rétrogradez ensuite de deux enjambées, & vous irez tomber sur le point *f*, auquel je vous ai fait faire attention. Vous continuerez toujours de même, jusqu'à ce que vous vous apperceviez que votre semence tombe sur la ligne E ; alors, sans changer de main, vous allez la reprendre, parce que les grains qui ont été jettés sur ce bord, ne suffiroient pas pour le garnir, & que vous ne pouvez pas avancer plus loin sans en jetter sur le champ voisin.

Si vous aviez la piece triangulaire *G* à semer séparément ou en différent bled, vous commenceriez, sans hésiter, la ligne E comme la ligne C, & vous continueriez le côté L comme le côté F ; cependant le côté *r o*, faisant une diversion diagonale au côté D, pourroit bien vous dépayser un peu ; mais comme elle ne change point la direction de votre marche, vous vous retrouverez bien vîte, si vous considérez que cette diagonale étant inclinée de moitié de son point perpendiculaire T, sur le plan que vous parcourrez parallélement à fa bafe E, vous devez auffi vous en éloigner de moitié plus loin, que de la ligne perpendiculaire L; c'eft à-dire, qu'au lieu d'avancer au retour de la ligne E, jufqu'au point *n*, vous tournerez au point *l* fur la courbe *l m*. Vous avez déja garni, en allant, l'angle *o* des points *o* & *n*, jufqu'au-delà du point *p*; en revenant, vous garnirez du point *l* le terrein qui eft entre *p* & *m*, & du milieu de la courbe l'intervalle *m q*, & du bout de cette courbe l'efpace *q r*; de forte que le triangle *s q o* & l'efpace *q r*, fe trouveront enfemencés; & comme ils ne contiennent enfemble que cinq quarrés de vingt-cinq pieds quarrés, pour chacun defquels il ne faut, comme nous le calculerons tout à l'heure, qu'une jettée; il s'enfuit que la premiere *o* & les trois de la courbe *l m*, qui ne couvrent que des demi-quarrés, ne doivent être auffi que des demi-poignées. Vous reviendrez du bout au milieu de la courbe, entreprendre la feconde ligne, & vous continuerez toujours de même, &c. Mais fi le vent étoit T, il vous feroit changer de direction. Alors, forcé de femer fur des lignes paralleles à la diagonale, vous feriez auffi obligé d'a-longer les courbes fur les bords, en raifon du rapport de la diagonale à fes côtés. Ces lignes, me direz-vous, font incommenfurables; mais il ne s'a-git point de précifion, en rigueur géométrique, où il faut opérer ron-dement. Comme la longueur de la diagonale d'un quarré parfait, eft à fes côtés à peu près comme trois font à deux; c'eft-à-dire, qu'elle excede leur longueur d'un peu moins d'un tiers: au lieu de quatre enjambées, vous en ferez fix, plus ou moins, à proportion que l'angle fera plus ou moins obtus, comme les courbes *b b* & *c c* font au-delà de cette propor-tion, parce qu'elles partent d'un angle plus ouvert que le rectangle *T*, dont elles dépendent, &c. Il en eft de même de la maniere de femer les bleds. Au lieu d'une pincée, vous en prenez une poignée (1). Il eft vrai

____

(1) C'eft une erreur de mêler de cendre ou de fable les petites graines, pour les fe-mer á poignées. Cette pouffiere plus fine que la femence, paffant par fes interftices, tombe au fond du femoir. On feme d'abord

que vous n'avez plus de porte-jalons;
mais votre premiere trace en fert à la
feconde, celle-ci à la troifieme, ainfi
du refte. Vous êtes même plus fûr de
ne point vous écarter, pourvu que
vous lifiez l'empreinte de vos pas du
plus loin que votre vue pourra porter, la tête droite en avant. Pour le
peu que vous la détourniez, vous
vous mettrez hors d'équilibre, & vous
tomberez fouvent en défaut. Les com-
mençans font fujets à cette habi-
tude là.

CHAPITRE XVII ET DERNIER.

De la quantité de femence.

CEUX qui fauront femer, voudront
favoir aufli s'il faut la même quantité
de femence pour toutes fortes de
terres; fi les bonnes n'en demandent
pas plus ou moins que les mauvaifes,
&c. D'abord le raifonnement veut
qu'il en faille moins pour une bonne

---

trop dru, & à la fin trop clair. Celui qui
faura femer par principes, éparpillera aufli
également une pincée de graines de navets,
qu'une poignée de pois.

terre que pour une mauvaiſe , parce
qu'une plante qui , par une nourriture
plus abondante , acquiert un volume
plus conſidérable , couvre auſſi plus
d'eſpace qu'une plante ſobre qui drageonne moins. Cependant je penſe
qu'il faut ſemer l'une & l'autre , à peu
près à la même doſe. Je me ſuis toujours conformé à ce ſentiment là ; &
il m'a toujours paru fondé ſur l'expérience. Il eſt , je crois , pour les végé-
taux , comme pour les animaux , un
certain degré d'embonpoint naturel ,
au-delà duquel leur conſtitution s'af-
foiblit & dégénere par un ſurcroît de
maſſe , qui altere leur méchaniſme eſſentiel : c'eſt pourquoi les animaux
trop gras ſont peu propres à la repro-
duction de l'eſpece.

De même , une plante qui trouvera
une nourriture trop abondante , deviendra extraordinairement volumi-
neuſe ; mais cette tige poreuſe &
flaſque , préparant groſſiérement les
ſucs deſtinés à la graine , formera un
épi pailleux & mou comme elle.
Au contraire , ſi cette nourriture ex-
ceſſive pour deux plantes , par exemple , eſt partagée en trois ; alors ces

trois

trois plantes, nourries avec économie, croiſſant naturellement, donneront réellement autant de paille, ſous
un moindre volume, que les deux
plantes forcées, & beaucoup plus de
graine bien conditionnée. Mais il n'en
eſt pas tout à fait ainſi pour les terres
de différentes eſpeces. Si dans les unes
le bled ne levoit pas ſi bien que dans
les autres, ſoit que les inſectes en
mangeaſſent, ou, qu'enterré néceſſairement un peu avant, il ne ſortît pas
tout, ſoit enfin qu'il tallât naturellement moins, &c. il faudroit l'y ſemer plus dru.

Mais voyons, à la quantité de ſemence que l'on emploie communément dans les terres ordinaires, quelle
doit être la doſe de chaque poignée
que le ſemeur jettera, relativement à
ſes pas, & à l'eſpace de terrein qu'il
embraſſera.

Il faut, tout au plus, ſix boiſſeaux
de froment, du poids de vingt-cinq
livres, pour enſemencer un arpent de
cent perches ou chaînées, de vingt-
cinq pieds la perche ou la chaînée;
c'eſt à une livre & demie par chaînée :
de quel poids doit être la poignée ?

O

Le quarré de la chaîne fera 625 pieds quarrés, en embraſſant cinq pieds de largeur ſur deux pieds ſix pouces de longueur d'enjambées. Si chaque en-jambée portoit ſa poignée, elle gar-niroit douze pieds ſix pouces quar-rés. Les dix enjambées de deux pieds ſix pouces, que vous ferez pour par-courir un côté de la chaînée, couvri-roient 125 pieds quarrés. En répétant cinq fois les cinq pieds de largeur par 125 pieds quarrés de longueur, vous ferez cinquante pas ou enjambées qui garniroient les 625 pieds quarrés de la chaînée; la poignée peſeroit envi-ron une demi-once; mais comme il faut deux pas pour une jettée, la poi-gnée doit être à peu près d'une once. Vous vous réglerez là-deſſus, pour le plus ou le moins extraordinaire. L'art de ſemer eſt un talent que les plus in-duſtrieux n'attrappent pas toujours. Outre les diſpoſitions de l'eſprit, il faut avoir celles du corps. Il faut être bien en jambes, en bras, & avoir la poitrine & la vue bonnes. Auſſi un bon laboureur, bon ſemeur, eſt-il rare, & placé de droit au premier rang des citoyens utiles à la patrie.

F I N.

ODE.

QUE la Fable en vogue au Parnasse,
Enchante par le merveilleux,
Et dans ses vains récits entasse
Le faux sur le prodigieux ;
Faisant les dieux & les miracles,
Qu'elle parle par des oracles
A l'enthousiaste séduit :
Le vrai seul a pour moi des charmes ;
Devant ses invincibles armes
Je vois la chimere qui fuit.

POUR moi, Cerès & Triptolème
Sont des mots sans expression :
Un laboureur sourd au systême,
N'écoute point la fiction.
Secretaire de la nature,
Toi qu'au nom de l'agriculture
J'invoque au milieu des guérets,
Expérience ! déracine
Les vieux abus de la routine
Et l'erreur des nouveaux essais.

QUE m'importe que ma charrue
Ait pour inventeur Osiris;
Que le champ que Jason remue
Fasse naître des ennemis ;
Toutes ces faussetés morales
Sont, ô Physique ! des scandales,

Dont l'excès attente à tes loix.
A ces ridicules merveilles,
Ma raison ferme les oreilles,
Pour ne les ouvrir qu'à ta voix.

JE ris quand je vois, dans l'histoire,
Voler un général Romain
De sa charrue à la victoire,
De la victoire à son terrein.
Que sur cette aventure étrange
Le préjugé donne le change
Aux lecteurs qu'il a prévenus;
Moi, j'y trouve nos gens de guerre
Passant de l'armée à leur terre :
Broglie est mon Cincinnatus.

J'Y lis encore qu'à la Chine,
Pour l'exemple de ses sujets,
L'empereur, tous les ans, dessine
Un long sillon dans les guérets.
Qu'y vois-je? Un peuple hors d'haleine,
Qui court admirer dans la plaine
La pompe de sa majesté.
En vain, pour avoir mon suffrage,
Il viendra me vanter l'ouvrage,
Si l'art ne l'a point attesté.

QUE m'enseigne de plus un livre
Par des préceptes généraux?
Me dit-il comment je dois suivre
L'ample détail de mes travaux?
L'esprit, ni les beautés de style
De Columelle & de Virgile,
Ne me montrent l'art d'opérer
Trop sûrs de plaire avant d'écrire;

Eux-mêmes, s'ils vouloient m'inſtruire,
Devoient apprendre à labourer.

MAIS par le ſecours de l'étude,
D'après ſes obſervations,
Un ſavant, de ſa ſolitude,
Peut donner des inſtructions.
Quand on a beaucoup de ſcience,
Avec un peu d'expérience,
L'on raiſonne aſſez bien de tout.
Les arts ne forment qu'une chaîne,
Dont la connoiſſance prochaine
Répond de l'un à l'autre bout.

APPELLEROIT-ON connoiſſance
Le vain ſavoir que je combats ?
Peut-on avoir l'intelligence
D'une choſe qu'on ne ſait pas ?
L'art renferme dans ſon enceinte
L'inextricable labyrinthe
Qui confond les raiſonnemens.
Ce n'eſt qu'au fil de la pratique,
Sous le flambeau de la phyſique,
Qu'on y découvre les talens.

PAR une nouvelle méthode,
L'ingénieux cultivateur
Veut changer la ſtupide mode
De l'automate laboureur.
Mais, faute de ſavoir lui-même
Labourer le champ qu'on lui ſeme,
Il eſt le jouet du colon.
Et le phyſicien accuſe
Le praticien qui s'excuſe,
D'une miſérable moiſſon.

O iij

AMATEURS de l'agriculture,
Vous qui desirez ses progrès,
Sera-ce la simple lecture
Qui vous apprendra ses secrets ?
Le véritable labourage
Demande un long apprentissage,
Et fait l'aiguillon à la main :
C'est le moyen de le connoître ;
Le seul pour en parler en maître,
Et rendre son succès certain.

EN vain dans chaque capitale,
Loin de nos informes sillons,
L'oisive théorie étale
De beaux plans d'opérations.
Incompatible avec la ville,
L'agriculture est indocile
A la voix de ses habitans.
C'est dans nos champs que les écoles
Formeroient de vrais agricoles
Pour instruire nos paysans.

QUEL argument donc sans replique
Me prouve un vice radical ?
C'est cette uniforme pratique
Dans chaque différent local.
Où les sillons sont à la mode,
C'est toujours la même méthode
Pour les vallons & pour les monts;
Où le labour à plat domine,
C'est toujours la même routine
Pour les monts & pour les vallons.

O siecle de philosophie !
Siecle vainqueur des préjugés,

Qui fais fleurir dans ma patrie
Tous les talens encouragés !
Après avoir, par ta puiſſance,
Chaſſé l'erreur & l'ignorance
De l'enceinte de nos remparts ;
Comment peux-tu, dans nos campagnes,
Laiſſer ces aveugles compagnes
Maitreſſes du premier des arts ?

F I N.

TABLE

DES CHAPITRES

ET ARTICLES

contenus dans cet ouvrage.

Fin de la Table.

Fig. 8.

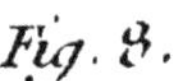

Fig. 11.

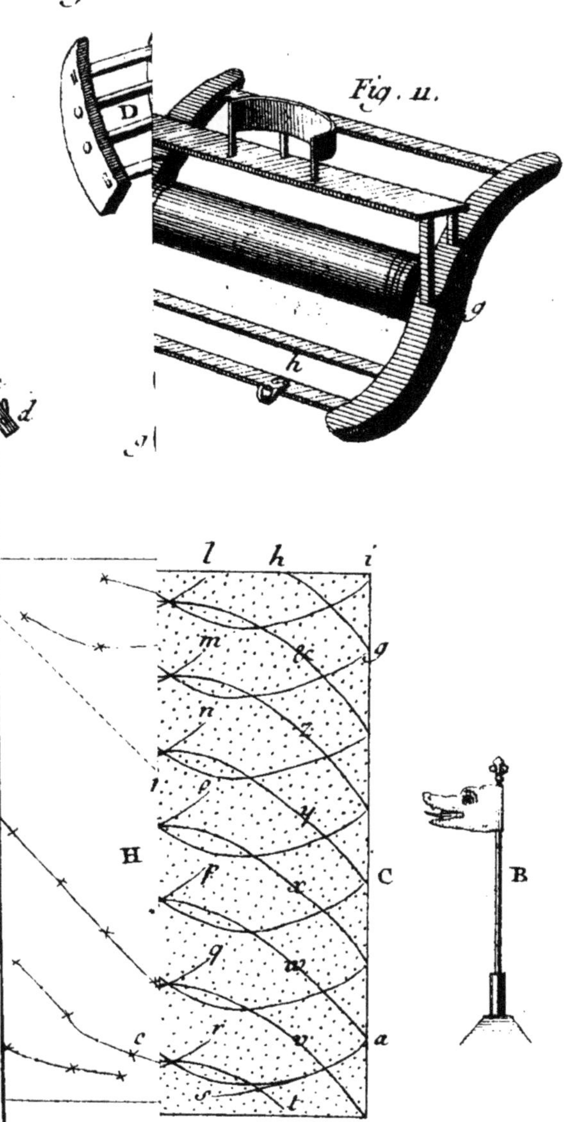

de la Gardette del. et Sculp.

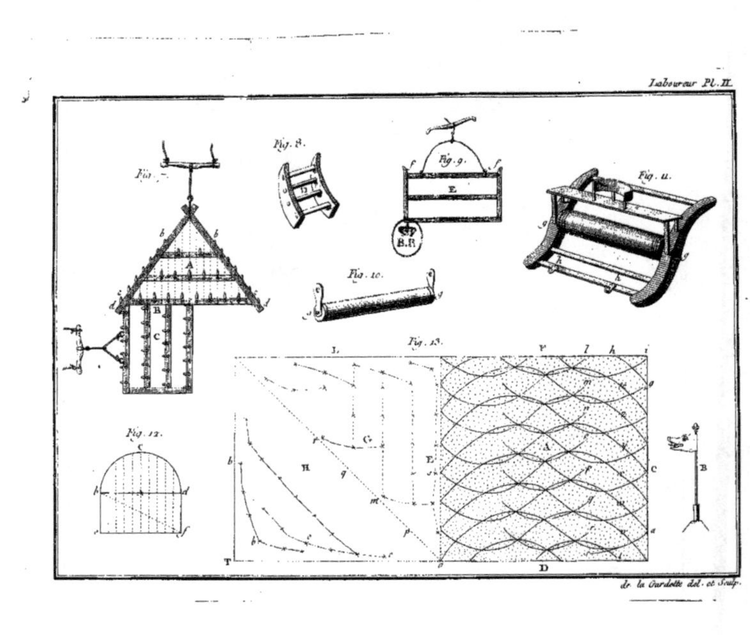

Laboureur Pl. II.
Fig. 8.
Fig. 9.
Fig. 11.
Fig. 10.
Fig. 12.
Fig. 13.
de la Gardette del. et Sculp.

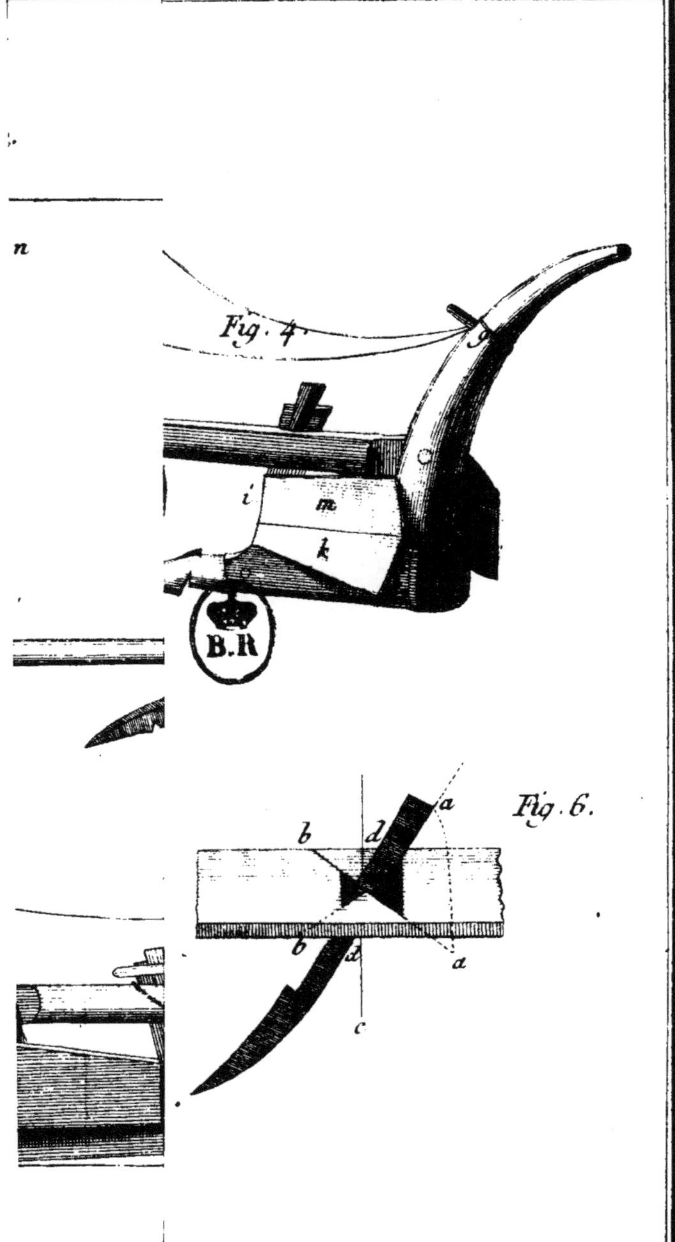

de la Gardette del. et Sculp.

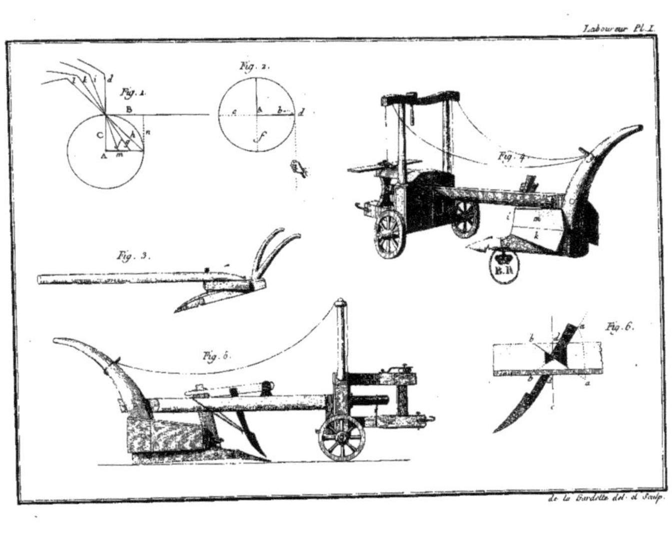

de la Gardette del. et Sculp.

[illegible]

dans notre Royaume, & non ailleurs, en beau papier & beaux caractères ; que l'impétrant se conformera en tout aux Réglemens de la Librairie, & notamment à celui du 10 Avril 1725, à peine de déchéance de la présente Permission ; qu'avant de l'exposer en vente, le Manuscrit qui aura servi de copie à l'impression dudit ouvrage, sera remis dans le même état où l'approbation y aura été donnée, ès mains de notre très-cher & féal Chevalier, Chancelier, Garde des Sceaux de France, le sieur DE MEAUPOU ; qu'il en sera ensuite remis deux exemplaires dans notre bibliothèque publique, un dans celle de notre château du Louvre, & un dans celle dudit Sr DE MEAUPOU, le tout à peine de nullité des Présentes. Du contenu desquelles vous mandons & enjoignons de faire jouir ledit Exposant & ses ayans cause, pleinement & paisiblement, sans souffrir qu'il leur soit fait aucun trouble ou empêchement. Voulons que la copie des Présentes, qui sera imprimée tout au long au commencement ou à la fin dudit Ouvrage, foi soit ajoutée comme à l'original. Commandons au premier notre Huissier ou Sergent sur ce requis, de faire pour l'exécution d'icelles tous actes requis & nécessaires, sans demander autre permission, & nonobstant clameur de haro, charte Normande, & lettres à ce contraires : Car tel est notre plaisir. DONNÉ à Paris, le vingt-septieme jour du mois de septembre, l'an de grace mil sept cent soixante-onze, & de notre regne le cinquante-septieme. Par le Roi en son Conseil. LEBEGUE.

Regiftré sur le Registre XVIII de la Chambre Royale & Syndicale des Libraires & Imprimeurs de Paris, No. 1726, folio 552, conformément au réglement de 1723, A Paris, ce 18 Septembre 1771. J. HERISSANT, Syndic.

De l'Imprimerie de L. CELLOT, Imprimeur-Libraire, rue Dauphine, 1771.

www.ingramcontent.com/pod-product-compliance
Ingram Content Group UK Ltd.
Pitfield, Milton Keynes, MK11 3LW, UK
UKHW022022170726
13837UKWH00001B/347